微生物这个幽灵

董仁威　尹代群/编著

希望出版社

图书在版编目（CIP）数据

微生物这个幽灵 / 董仁威，尹代群编著 . — 太原 ：希望出版社，2024.3
（萌爷爷讲生命故事）
ISBN 978-7-5379-8930-5

Ⅰ . ①微… Ⅱ . ①董… ②尹… Ⅲ . ①微生物－少儿读物 Ⅳ . ① Q939-49

中国国家版本馆 CIP 数据核字（2023）第 201069 号

萌爷爷讲生命故事

微生物这个幽灵

董仁威　尹代群 / 编著

WEISHENGWU ZHEGE YOULING

出 版 人：王　琦
项目策划：张　蕴
责任编辑：张　蕴
复　　审：韩海燕
终　　审：傅晓明
美术编辑：王　蕾
印刷监制：刘一新　李世信

出版发行：希望出版社
地　　址：山西省太原市建设南路21号
邮　　编：030012
经　　销：全国新华书店
印　　刷：山西基因包装印刷科技股份有限公司
开　　本：720mm×1010mm　1/16
印　　张：10
版　　次：2024年3月第1版
印　　次：2024年3月第1次印刷
印　　数：1-5000册
书　　号：ISBN 978-7-5379-8930-5
定　　价：45.00元

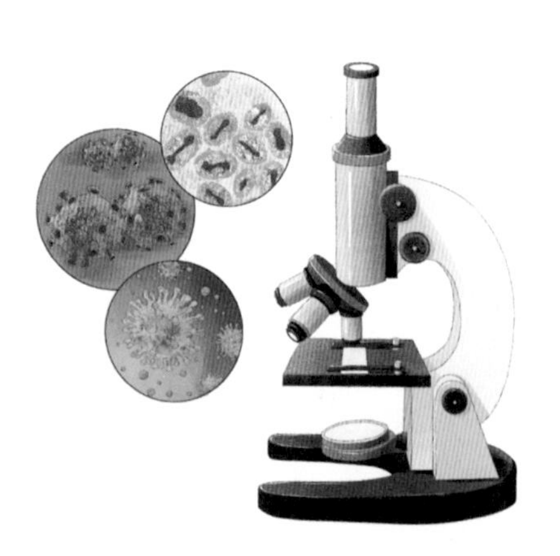

序

“萌爷爷”是谁？他是由科普作家组成的“萌爷爷”家族的“代言人”。

萌爷爷家族的叔叔、阿姨、哥哥和姐姐，他们是交叉型人才，是真正的“博士”。他们各取所长，有的将深奥的科学知识科普化，有的针对小朋友们的喜好将科普知识儿童化，还有的将科普作品文艺化，共同打造了一桌桌可口的知识盛宴。

如今，经过萌爷爷家族精心打造的第一桌宴席——“萌爷爷讲生命故事”问世了。

这桌宴席有六道大菜：《我们是谁》《我们从哪里来》《我们到哪里去》《动物这种精灵》《植物这道美景》《微生物这个幽灵》。

这是鲜活的地球上各种生命的故事套餐。人、动物、植物和微生物，是大自然创造的四大类生命奇迹。

《我们是谁》《我们从哪里来》《我们到哪里去》是讲人的故事的。这些故事运用前沿科学的最新研究成果，回答了人从一出生就关注的问题：我是谁？我从哪里来？我到哪里去？

这些问题太简单啦！你一定会这样说，从妈妈肚子里生出来，最后到火葬场，回归自然。是不是？但是，这个看似简单的问题，却被称为世界三大难题之一。现代人类从诞生到有了自我意识以后，就不断地问自己这样的问题，但直到如今也没有确切的答案。好在现代生命科学进展迅猛，它的终极秘密也一个个被科学家揭开，萌爷爷终于可以基于科学家的这些研究成果，试图回答这三个终极问题了。

《动物这种精灵》《植物这道美景》，是对生命的礼赞。

呆萌的大熊猫，古怪的食蚁兽，产蛋的哺乳动物鸭嘴兽，舍命保护幼崽的金丝猴，放个臭屁熏跑美洲狮的臭鼬，比一个篮球场还大的蓝鲸，先当妈妈后当爸爸的黄鳝，几十个有趣的动物故事保准会迷得你神魂颠倒。

美丽的花仙子，吃动物的植物，会玩隐身术的植物，能“胎生”的植物，能灭火的树，能探矿的植物，能运动的植物，“植物卫士”大战切叶蚁……几十个生动的植物故事保准会让你爱不释手。

《微生物这个幽灵》，让人类对这些隐形生命爱恨交织。它们制造了杀人无数的天花、鼠疫、流感等等瘟疫，是人类的天敌。但是，它们又为人们酿造美酒，制作豆瓣酱、豆豉、豆腐乳等美味，还能制造对付隐形杀手的抗生素。

哈哈，有趣的故事多着呢。

看了这些生动的生命故事，你不仅能增长知识，获得美的享受和阅读的快乐，还会情不自禁地产生要保护野生动物和植物，让人类与环境和谐相处的强烈愿望。

多好看的书！

哈，你已经迫不及待了吧？

萌爷爷不再啰唆，请你赶快翻开书，细细地品味这一饕餮盛宴吧。

开卷有益！

萌爷爷

前言

生命女神的手提包里，有着各种生命的种子。千姿百态的植物，性情各异的动物，当然，还有聪明能干的人类。啊，她还有一个魔盒，里面装着各种各样我们肉眼看不到的“幽灵”。

没错，这是一群“幽灵”，它们比人类古老得多，最早的生命就起源于它们。

幽灵是谁呀？

生命女神笑笑。她只会给你提示，并不会直接回答。

让我们去寻找答案吧。

第一个提示：它们中的绝大多数在显微镜下才会“现身”。

第二个提示：潘多拉盒子里飞向人类的灾难之一。

第三个提示：人类或其他动物的疾病与它的侵入密切相关。

第四个提示：它是生命的组成部分，帮助动物消化食物，产生某些必需的维生素，调节免疫系统。

你猜出来了吗？对，这群看不见的幽灵就是微生物。

生命女神对所有生命都是公平的。

任何一种生物想要高踞在食物链的顶端，哼，没门。她总会使出各种各样的法宝，尽量让大自然保持平衡。

看，恐龙曾称霸地球，高踞食物链顶端。有人开玩笑说，如果让它们再进化，也许统治地球的就不是人类，而是恐龙了。

可是，陨石从天而降，气候从温暖湿润突变为寒冷冰凉，作为庞然大物的恐龙就此灭绝。

后来，人类脱颖而出。他们拥有智慧的头脑，虽然没有陆地上的大象和海里的蓝鲸那样庞大的身躯，也没有狮子、虎豹等凶猛动物那样的尖牙利齿和强有力的爪子，但是他们能制造工具，猎杀这些体能上比自己厉害得多的动物。

进入现代社会后，人类越来越多，地盘扩展得越来越宽，野生动物的家园被挤兑得越来越小。

生命女神不高兴了，她打开了魔盒，放出了无数幽灵。

癌症，现代人谈之色变的疾病，也与微生物这个幽灵密切相关呢。

肝炎病毒导致肝癌，人乳头瘤病毒导致宫颈癌，还有最常见的与胃肠肿瘤有关的微生物——幽门螺旋杆菌。当然，它们最初的时候，只是让器官发生炎症，最后才癌变。

最厉害的是微生物导致的传染病——中国古代叫瘟疫。

2019 年的新型冠状病毒肺炎（简称新冠肺炎）就是一种烈性传染病。

它比核武器还厉害得多。比尔·盖茨曾经在一次演讲中公开说，如果有什么东西在未来几十年里可以杀掉上千万人，最大可能是某个高度传染的病毒。

现在，就请你跟着萌爷爷一起，去看看魔盒里这些微生物幽灵造成的灾难吧。

目录

一、潘多拉的盒子

二、寻找真正的杀手

三、人菌大战

四、魔道之争

五、生命女神的魔术

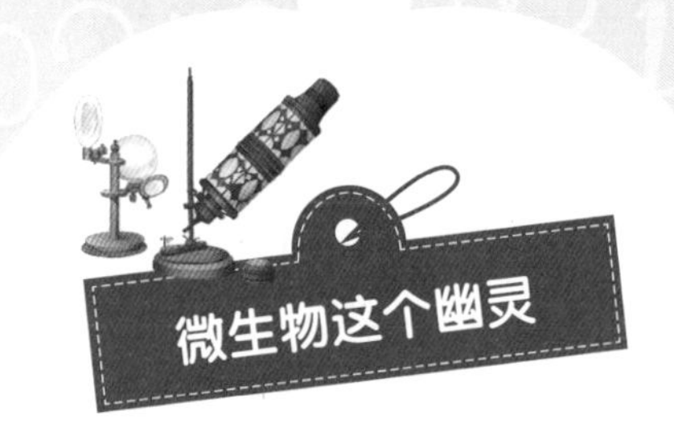

一、潘多拉的盒子

1. 潘多拉的盒子

首先，萌爷爷要给你讲讲潘多拉盒子的故事。

古希腊神话传说，天神普罗米修斯从天上盗取火种，人类从此学会了使用火。这可让主神宙斯气坏了，他决定让灾难降临人间。于是啊，他命令自己的儿子火神赫淮斯托斯用泥土制作了一个女人。她非常漂亮，伶牙俐齿，多才多艺，总之，是一个非常完美的女人。

宙斯给这个美丽的女人取名为潘多拉，给了她一个密封的盒子，并把她送给普罗米修斯的弟弟“后觉者”厄庇墨透斯。

普罗米修斯知道宙斯不怀好意，就告诫弟弟不要接受这个女人。可厄庇墨透斯一见潘多拉就被迷住了，坚持要娶她。结婚那一天，潘多拉捧着宙斯给她的盒子，刚走到厄庇墨透斯跟前，就打开了盒盖。厄庇墨透斯还未来得及看清盒内装的是什么，一股祸害人间的黑色烟雾便从盒中迅疾飞出，犹如乌云一般弥漫在天空中。黑色烟雾中尽是疾病、疯癫、灾难、罪恶、嫉妒、偷窃、贪婪等各种各样的祸害，这些祸害飞速地散落到人间。而智慧女神雅典娜为挽救人类命运，悄悄放在盒子底的“希望”还没来得及飞出来，潘多拉就把盒子关上了。

所以，后来啊，人们就把潘多拉的盒子比作是会带来不幸的礼物：灾难。

好啦，萌爷爷关于潘多拉盒子的故事讲完了。那生命女神在魔盒里究竟放出了哪些幽灵？它们是不是潘多拉盒子里的“礼物”呢？

2. 夺命于无形的“黑色杀手”

让我们跟着萌爷爷一起，去看看生命女神魔盒里，那个夺命于无形的“黑色杀手”。

为什么叫它黑色杀手呢？它是披着黑色的披风吗？

不不不，没有黑色的披风，也没有黑斗篷。

它是黑死病。

说到黑死病，萌爷爷得先给你说说鼠疫。

顾名思义，鼠疫就是老鼠传播给人类疾病而造成的瘟疫。

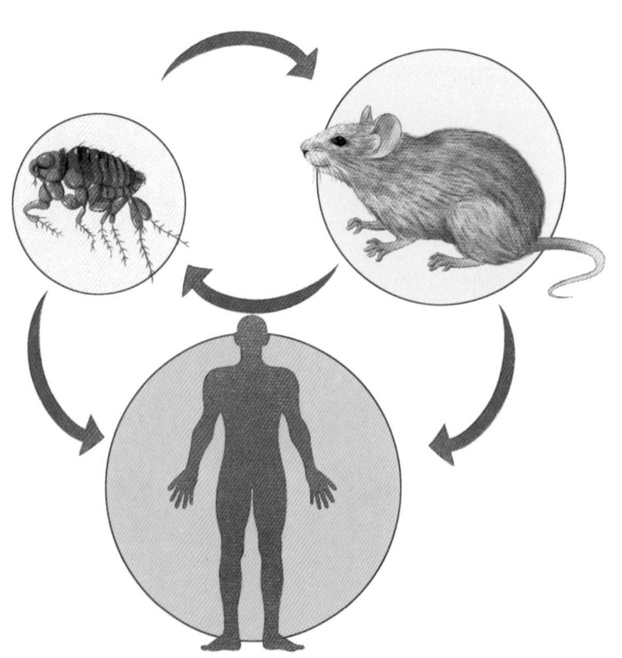

历史上，有过三次鼠疫大流行。

公元 542 年，首次鼠疫大流行。鼠疫经埃及南部塞得港沿陆、海商路，传至北非、欧洲。这次鼠疫一流行，就是五六十年。最高峰时，每天死亡上万人，死亡总

数近 1 亿人。在拜占庭帝国首都君士坦丁堡（今土耳其伊斯坦布尔），因鼠疫共损失了 1/4 的人口，拜占庭帝国从此衰败。

人类历史上最悲惨的鼠疫，主要发生在中世纪的欧洲，这是第二次鼠疫大流行。

我们要说的黑死病，就是那个恐怖杀手的“杰作”。

1345 年，蒙古大军占领了中亚和西亚，接着进攻黑海之滨一个叫加法的城邦。面对强悍的蒙古军队，加法人闭城不出。蒙古人围城一年，久攻不下。这时，军中有人染病，并且很快蔓延开来。蒙古人知道这是瘟疫，会传染人，就把染病身亡的士兵尸体抛入加法城中。

可是啊，加法人不知道这是蒙古人的诡计，他们对尸体置之不理。很快，尸体腐烂，瘟疫爆发，加法人大批死亡。他们打开城门，纷纷逃亡。蒙古大军顺利地接管了加法城，但他们并没有高兴多久，因为瘟疫也没有放过他们呀。几天以后，蒙古人大量死于瘟疫，只得也像加法人一样弃城而逃。

病人最初症状是腹股沟或腋下淋巴有肿块，然后皮肤会出现青黑色的斑块，因此当时被称为黑死病。染病后，几乎所有的患者都会在 3 天内死去。

这也太恐怖了。

幸免于难的加法人乘船逃往他们的宗主国——东罗马帝国。可是，加法城爆发瘟疫的消息早已传遍欧洲，所有港口都拒绝他们登岸。意大利威尼斯城让他们的船只在海上隔离 40 天后才

允许上岸，以阻止瘟疫传入。

然而，令欧洲人没想到的是，加法人虽没有上岸，瘟疫却已经悄悄登上了欧洲大陆。

原来啊，所谓的黑死病就是鼠疫，是老鼠传播的。可能是居住在草原的蒙古人受到草原鼠身上跳蚤的叮咬，老鼠身上的病菌传到了人身上。

加法人没有离开船，但船上携带病菌的老鼠却会游泳。为了寻找食物，它们泅渡到了岸上。

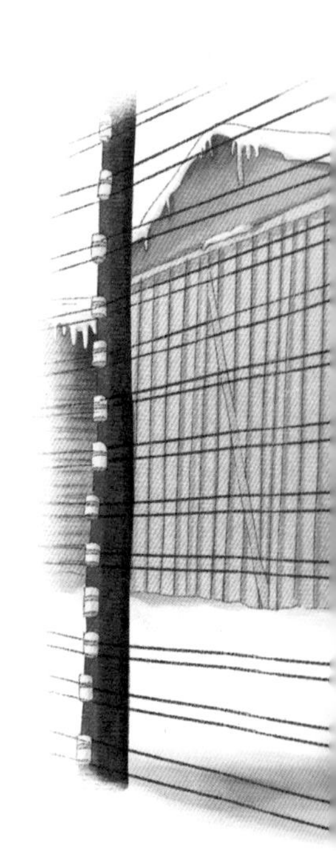

当时欧洲各地卫生极差，垃圾遍地，大街上脏水、粪便四溢，老鼠到了这里，可高兴了，这里简直就是天堂啊。它们很快占领了城市乡村的每个可以隐身的角落。

这一招，可是欧洲人完全没想到的。

鼠疫登上西班牙，传到英国和爱尔兰，再传到瑞典、波罗的海地区的国家和俄罗斯。1347～1353年，被称之为“黑死病”的鼠疫席卷整个欧洲，2500万欧洲人在这次瘟疫中死亡，占当时欧洲总人口的1/3。而20世纪发生的第二次世界大战，被称为人类历史上最惨烈的战争，欧洲因战争而死的人数也仅占其人口的5%。

你看，黑死病吓不吓人？凶不凶险？

死神的脚步每天在欧洲的大地上徘徊。

意大利的佛罗伦萨，80% 的人因为黑死病死亡。大街上，有的人走着走着就倒地身亡。而待在家里的人，如果家里没有其他人，死了都无人知晓，直到尸体腐烂的气味被闻到。每天每小时都有大批尸体被运到城外，奶牛在大街上乱逛，但却见不到一个人的身影……一间间房子，一个个街区，空荡荡的，城市成了人间地狱。

因为死亡率太高，这种病以“死亡瘟疫”或“大死亡”的称号令人闻风丧胆。当时造棺材的速度都跟不上死人的速度，只能建造集体坟墓和“瘟疫坑”来处理尸体。有人这样记录道：“活下来的人太少了，甚至没有足够的人手照顾病人、掩埋尸体。”

欧洲人找不到病因，又无法阻止瘟疫的传播，就把气撒在犹太人身上，认为是四处游荡的犹太人带来了瘟疫。他们疯狂地迫害犹太人。德国的梅因兹，有 1.2 万犹太人为此被活活烧死，斯特拉堡有 1.6

万犹太人被杀。而另一些人，则认为是猫狗传来的疾病，于是四处追杀这些可怜的小动物，大街上满是猫狗的尸体……没有了猫，老鼠更加猖狂，黑死病也更加肆无忌惮。

今天的你，当然知道鼠疫肯定是某种细菌或病毒在作怪。可当时的人们不知道啊，而且他们的医疗方法又落后。不管得了什么病，都用放血疗法，认为把血中的毒素放出来就好了。没治好咋办？就使用通便剂、催吐剂。如果还没治好，那就用火烧灼淋巴肿块。还有一些稀奇古怪的治法，比如把干蛤蟆放在皮肤上，或者用尿洗澡，这些疗法自然无效。于是人们只好认为，这是上帝对人类罪行的惩戒。他们手执带着铁尖的鞭子彼此鞭打，以此来赎罪。

1353 年，黑死病在欧洲总算结束了。但噩梦并未结束，之后几个世纪，黑死病又在多个国家重新出现。1665 年，鼠疫再次席卷欧洲。从 6 月到 8 月，仅仅 3 个月的时间，伦敦人口就减少了 1/10，吓得英国王室的人也赶紧逃出伦敦。

19 世纪末，鼠疫第三次大流行。这次波及的范围更广，传播速度更快。20 世纪 30 年代达到最高峰，死亡逾千万人。

如今，鼠疫并没有消亡，但你也不要害怕，现代医学给了人们对付它的武器，它再也没法像以前那样疯狂了。

3. 殖民者的种族灭绝“武器”

跟着萌爷爷一起，打开生命女神的魔盒，去追寻一种古老的恶魔——天花。

它究竟有多古老呢？

人们在3000多年前古埃及的木乃伊身上，发现了天花的疤痕，公元前6世纪，印度发现天花流行。天花在中国流行的历史可追溯到公元1世纪。

中国古代典籍里，天花还有好些名称：虏疮、豌豆疮、天疮、百岁疮……

那后来为什么又叫天花呢？

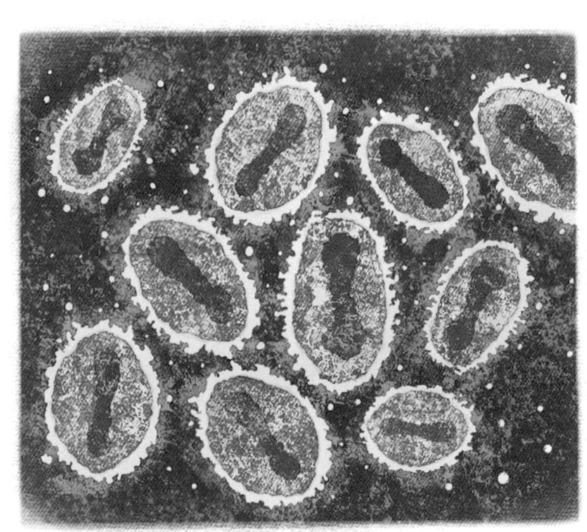

原来，感染者发病时，全身都会布满红疹，然后结痂。即使治好后，也会在脸上留下永久性的瘢痕，俗称麻子。人们看到这些麻子满脸开“花”，“天花”由此得名。

那么，天花有什么魔

力，竟如此厉害，成为殖民者的种族灭绝“武器”？

时间还得倒回 16 世纪初。

自从哥伦布发现美洲后，西方各国借助先进的航海技术和武器，占领了印第安人居住的美洲。

1519 年，赫纳多·科尔特斯带领西班牙军队进入墨西哥城，把当时的阿兹特克帝国变为殖民地。1520 年 5 月，阿兹特克人一年一度的“青玉蜀黍节”到来，这是他们庆祝部落战神威齐洛波其特里的节日。在征得西班牙人的同意后，人们开始狂欢。可没想到西班牙人却借此时机大开杀戒，手无寸铁的阿兹特克人毫无还手之力，血流成河。

西班牙人的暴行激起了阿兹特克人的怒火，他们奋起反抗。一周后，西班牙人丢下 800 多具尸体，弃城而逃。获胜的阿兹特克人俘虏了一些西班牙士兵，缴获了许多战利品。

可没想到，一场灾难正悄悄来临。

原来，战俘里有几个天花病毒携带者。

公元 11 ～ 12 世纪时，天花就在欧亚大陆和非洲流行。欧洲经历了天花的多次爆发，能存活下来的欧洲人，多多少少有了一些免疫力。

与世隔绝的美洲大陆，天花还没机会登上这片土地。

现在，欧洲人把这种疾病带来了。从未遇到过天花的印第安人，打败了西班牙入侵者，却成群倒在天花的屠刀之下。

当时，欧洲人得天花的死亡率是 10%，但第一次遭遇天花的印第安人，死亡率竟然高达 90%。大量的阿兹特克人死于天花，连国王也不例外。

1521 年，科尔特斯卷土重来，准备再次占领墨西哥。可眼前的情景让他惊呆了：到处都可以看到病重或死去的阿兹特克

人，有的地方满门皆灭，以至于都没人掩埋逝者。

惊慌失措的阿兹特克人看到西班牙人居然没有感染瘟疫，以为是西班牙人的上帝比他们的上帝更有神力，活下来的人也就顺从了西班牙人的统治。

欧洲人发现天花具有如此威力，就故意把天花病人使用过的毯子送给印第安人。天花在美洲横行了几十年，约 2000 万到 3000 万印第安人死亡，导致整个印第安文明的衰落。

随后，欧洲人又把麻疹、腮腺炎、霍乱、淋病、黄热病等带到了美洲。100 年后，3000 万美洲原住民，只剩下 200 万人。

殖民者的这些卑鄙手段，可谓是最早的基因武器。一个种族差点儿被灭绝，该是何等的人间惨剧啊！

别怪生命女神，她只管打开魔盒，并不管人性善恶。

4. 来去无踪的“冷面杀手”

有些“幽灵”太狡猾了，它们经常趁生命女神疏忽的时候，偷偷溜出魔盒，给人类带来灾难。

听说过猪流感、禽流感、甲流、乙流吗？流感季节来临的时候，学校总会如临大敌，加大宣传、排查和消毒力度。2017年世界卫生组织统计数据表明，全球每年有多达65万人死于与季节性流感相关的呼吸系统疾病。

每年，流感都要到人间来溜达一圈。它是一个冷面杀手，不讲人情。男女老少，尊卑贵贱，一视同仁。

历史上，给人类沉重打击的，是1918年爆发的西班牙流感。那次流感，死亡的人数超过第一次世界大战中死亡的人数，比欧洲中世纪恐怖的黑死病还要悲惨。

故事还要从第一次世界大战说起。

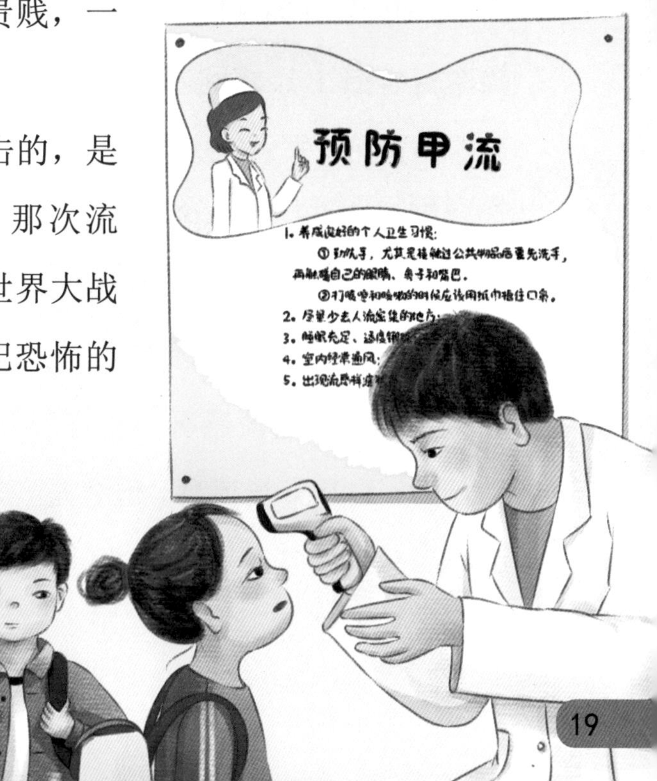

1914年，第一次世界大战爆发。德国、奥匈帝国等国组成同盟国，向英、法、俄罗斯等国组成的协约国宣战。随后几年，越来越多的国家卷入了这场战争。

1918年，俄罗斯退出战场。一向保持中立的美国加入协约国，和英、法等国一同对付同盟国。

随着美国船只一同抵达欧洲的，除了士兵，还有一个极端可怕的东西：西班牙流感。

你一定会问：是不是搞错了？美国人带去的流感，怎么会叫西班牙流感呢？

别急，让萌爷爷慢慢告诉你吧。

美国军队只有18万人。这么点儿人，显然是不够作战的。政府就大量征兵，征集了几百万年轻人。

1918年3月11日，还没吃午饭的时候，堪萨斯州的芬斯顿军营有名士兵感到发烧、嗓子疼、头疼。看起来就是一个普通的感冒嘛，军医也是这么认为的。开了些药，就让他回营了。

到了中午，100多名士兵出现了相同的症状。几天后，这个军营里有了500多名同样这样的“感冒”病人。三周后，1100名重病患者入院治疗。

这明显就是流感呀，传染得好快！

对，这是一场流感，但它是一场前所未有的超级流感。4月，这种流感迅速袭击了美国40多个军营，以至病人多得军队的医院都住不下了。

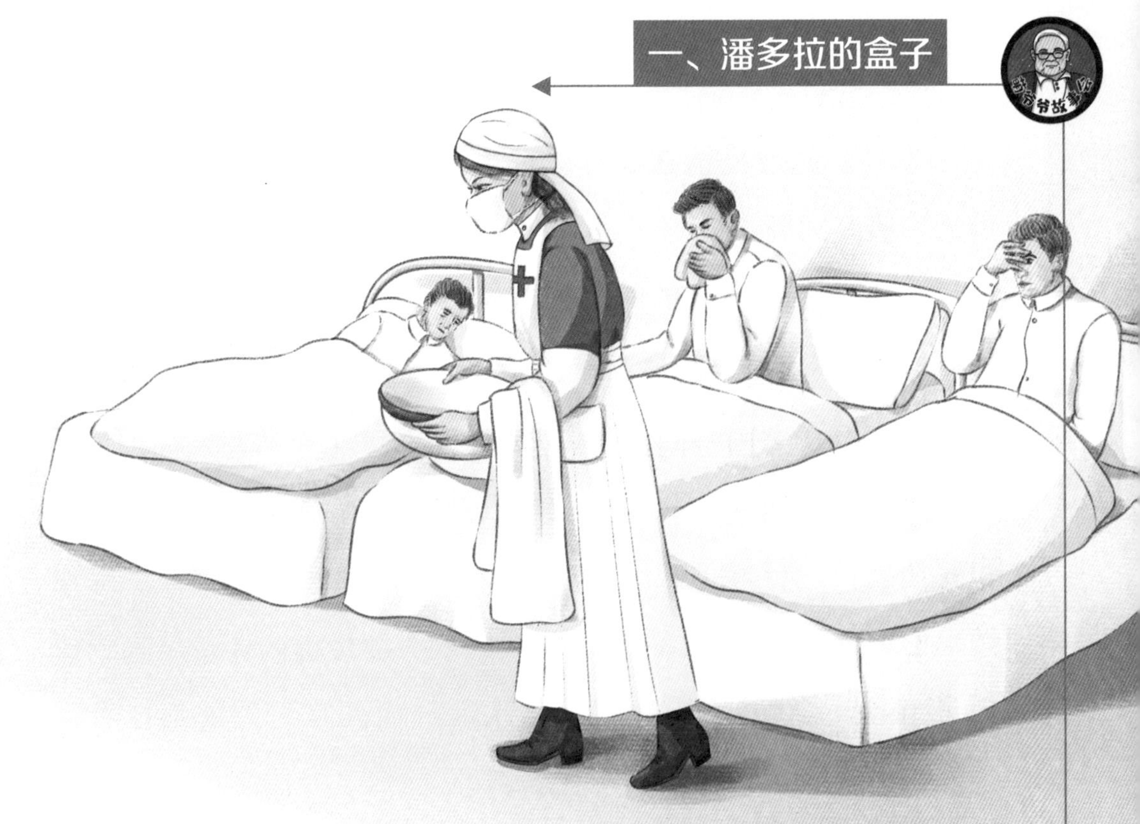

几个月后，流感传遍了美国全境，但并没有引起政府的重视——年年都有流感，年年都有人死于流感，没什么了不起的。

何况，第一次世界大战正打得热火朝天呢。

美国大军依然开赴前线，抵达法国西部最大的海军基地布雷斯特。

美军到达的第二天，法国布雷斯特的海军司令部就遭了殃。流感使好多指挥官都倒下了，没法指挥作战呀。

4 月底，法国士兵把流感传给英国军队。5 月，英国第二陆军疫情恶化，48 小时内，一支炮兵旅 1/3 的士兵住进医院。此后，流感横扫欧洲大陆，不分敌友。西班牙、德国、丹麦、希腊等国全部中招。随着人员的流动，包括中国、印度在内的东半球也有地区被感染了，南美洲和非洲也没能幸免。

不过，这波疫情在7月就过去了，士兵们重返战场，再次投入了残酷的厮杀。

没人想到，秋天的时候，流感杀气腾腾再度袭来，比上一波还厉害。

仅在9月24日这天，美国波士顿的一个军营里，就有1/5的士兵住进了医院。接着，流感狂飙美国各地。流感症状起初和普通感冒一样，但很快会转化成恶性肺炎，患者颧骨上出现红褐色斑点，几个小时后，满脸青紫，分不清是白人还是黑人……到了10月，20万美国人就因这次流感而死亡，到处都挂着宣告人死亡后的白布条。

你肯定猜到了最终结果：流感再次蔓延全球。

为什么没有国家阻止，采取隔离措施和医疗措施？

要知道，当时正是第一次世界大战打得激烈的时候，为防止军民恐慌，参战双方都对疫情保密，结果让无数毫不知情的军民都染了病。

幸运的是，当这种流感传到西班牙时，处于中立国的西班牙选择了公开宣布，所以这次流感就被称为“西班牙流感”了。

情况越来越糟糕。流感随着运兵船和商船到处传播。不管是激战的欧洲战场，还是处于和平状态的美洲、贫穷落后的非洲，连处于北极严寒地带、远离人类文明的印第安部落，流感都没有放过。由于环境恶劣，因纽特人损失更为惨重，有些部落甚至一村一村死绝。

流感所到之处，死神也紧跟而来。工厂因工人患病或死亡而停工，农田因无人耕种而荒芜，繁荣的港口也变得冷冷清清。

更为恐怖的是，这波流感杀手没看上老弱病残，反而找上了青壮年，军营成了流感重灾区。前往欧洲战场的美国远征军，1/5 的士兵还没有来得及登船，就因流感丧生。

起初，德国皇帝还高兴呢——流感大大降低了协约国的作战实力。不久，他就笑不出来了：几千名德国士兵也染上了流感。交战双方都没心思打仗，战场上许多士兵连枪都举不起来，不得不把枪支当作了拐杖。

1918 年 10 月底至 11 月初，第二波西班牙流感又神秘地消失了。

在第二波西班牙流感消失的当月，因为协约国攻势的恢复，德国防线全面崩溃，11 月 11 日，德国签署了投降书。第一次世界大战正式结束。

所以，也有人说，是西班牙流感结束了第一次世界大战。

啊，总算结束了！随着战争的结束，流感也结束了。这下，人们该好好喘一口气了吧？

但是，欢乐的日子并没有持续太久。1919 年 1 月，再度变异的西班牙流感第三次闯入人类世界。

英属印度孟买每天都有超过 700 人因流感而死亡。有人曾记录下这么可怕的一幕：一列从德里出发的火车上，都是生龙活虎的人。可到达目的地后，人们发现车厢里满满的都是尸体。西班牙的巴塞罗那地区，每天超过 1200 个居民死亡。德国普通民众中，1/4 的人死于流感。世界的其他地方也好不到哪里去。非洲的一些村庄，在很短的时间里，村里的人就完全灭绝。

各国政府终于意识到西班牙流感的严重性。他们开始采取各项措施来应对流感：公众聚会、大型活动被禁止，连丧礼也要求在 15 分钟内完成。电影院、舞厅、酒吧等人员密集场所被关闭，教会礼拜等活动也被要求缩短。普通居民出行时必须佩戴口罩，英国要求各街道必须喷洒消毒液。

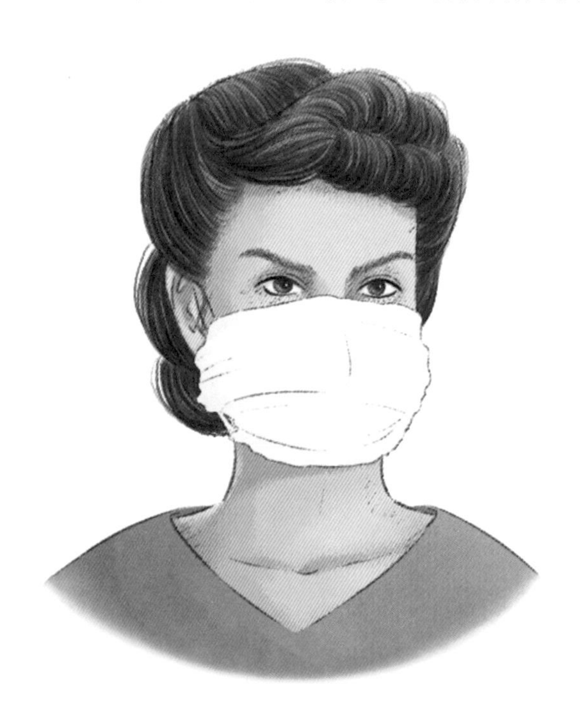

1920 年春季，除澳大利亚、夏威夷等极少数地区之外，西班牙流感开始在全球各地逐渐

消失。1920 年 3 月，人类记录了最后一个西班牙流感病例。

它来无踪，去无影，神秘莫测，此后再没有出现过。

西班牙流感是人类历史上著名的大规模传染病。科学家估计，期间大约有 2000 万到 4000 万人死亡。相比之下，第一次世界大战造成的死亡人数约有 1000 万人。

不过啊，也有人说，因西班牙流感而死亡的人数可能远远不止这些，很可能达到 1 亿。因为 20 世纪初，除英、法、美、德等发达国家外，绝大多数人都生活在连温饱都不能解决的亚非拉地区，长期处于战乱，有的地方连政局都控制不了，哪儿有空解决瘟疫问题呀。这些地方因流感死亡的人数，根本就没法统计。

而当时世界的总人口，也就仅仅 17 亿左右。

因西班牙流感而死亡的人太多了，所以后来也有人把它叫作“杀人流感”。

微信扫码

故事广播站

科普小课堂

趣味测一测

百科小常识

5. 时隐时现的瘟神

生命女神的魔盒里，跑出的另一个幽灵是霍乱弧菌。

从 19 世纪初到 20 世纪末，霍乱已经在全球爆发过 8 次，每次都杀人无数。它就像一个时隐时现的瘟神，时不时跑出来危害人间，然后又藏了起来。

要追溯它的源头啊，你得跟着萌爷爷到印度走一走。

恒河，是印度的圣河。人们相信，只要经过恒河水的洗涤，自己的灵魂就得到了净化，死亡之后就会到达极乐世界，免受轮回之苦。每年的 1 ～ 3

月，在恒河和亚穆纳河的汇合处，会举办沐浴节，几十万朝圣者沉浸在河中，来洗涤自己身体和心灵的污秽。

恒河的两岸居住着很多人，这些人将生活污水直接排入水中。而且，人们还将尸体或骨灰抛进河里。他们认为，通过这样的方式，死者就直接升入天河里了。

如此一来，恒河变得脏乱不堪。可印度人除了沐浴外，还直接饮用这样的水。他们相信，恒河水有自洁功能，可以自我净化。但他们想不到，随着人口的增多，河水已不堪重负啦，怎么净化得过来啊？

萌爷爷，不是要说霍乱吗，怎么总是说河水呢？

嗯，别急，马上就说到霍乱了。

印度人是怎样染上霍乱的？还真的要从那条圣河说起。

气候炎热，卫生条件恶劣，污水横流，而处于恒河三角洲的人们习惯直接饮用河里的水，带有病菌的水由此进入人体，引起霍乱。

人们吃了不干净或没煮熟的食物，就容易患上急性肠炎，会拉肚子。霍乱的病症有点儿类似于急性肠炎，但它的杀伤力可远远高于急性肠炎。

染上霍乱的患者，最初会感到全身虚弱、盗汗和胃部颤动，然后就是腹泻。腹泻持续几小时后，大便变成了一种无味的白色液体，俗称“米汤便”。腹泻的人需要大量饮水，但恶心与呕吐使得染病者饮水非常困难。没有足够的水来补充体液，就会引发脱水，而脱水又会引发痉挛和四肢的剧痛。就这样，患者的身体被“抽干”，体重会迅速下降，皮肤开始松弛、堆叠、起皱，肤色变蓝，最后几乎成了暗黑色，声音也变得沙哑且有崩溃之感。在 5～12 小时之内，如果没有及时、正确地救治，就会面临死亡。

听起来是不是很恐怖？

一场霍乱，会夺去许多人的性命，而这些带着病菌的尸体又被虔诚的教徒抬进恒河，祈求得到净化。还有一些病人，直接泡在河水里，希望依靠圣河的神秘力量得以救治。结果，更多的人死在了河水中，污染了水源，下游没生病的人也因为接触到被污染的河水而患病，霍乱就由此传开啦。

在古代，虽然霍乱致死率很高，但由于交通闭塞，可能要过很长时间，才会有人发现某个村落的居民已经因为传染病死绝了。不过这样也有一个好处，就是霍乱不易再次扩散，基本控制在了北印度地区。

然而，随着交通的发展，人口流动变得频繁起来，使得霍乱有机会在全世界传播开来，造成极为惨烈的人间悲剧。

下面，萌爷爷就给你讲讲 19 世纪时的那场霍乱吧。

印度的自然条件不是很好，经常受到旱灾和水灾的困扰。1816 年，恒河两岸的田野被洪水淹没了，霍乱再次来临。起初只在印度传播，第二年，印度周边的国家都遭了殃，接着又传向日本、中国、阿拉伯国家，进入波斯湾和叙利亚，然后又向北指向欧洲的门户里海。

幸运的是，1823 年～1824 年冬天气温极低，使得霍乱杀伐的脚步慢了下来，渐渐便结束了传播。

1829 年夏，霍乱又重新活跃起来，沿着贸易路线和宗教朝圣路线从东、西、北三个方向逼近欧洲的人口密集中心。1831 年，整个欧洲遭到霍乱的围攻。

英国损失则最为惨重。

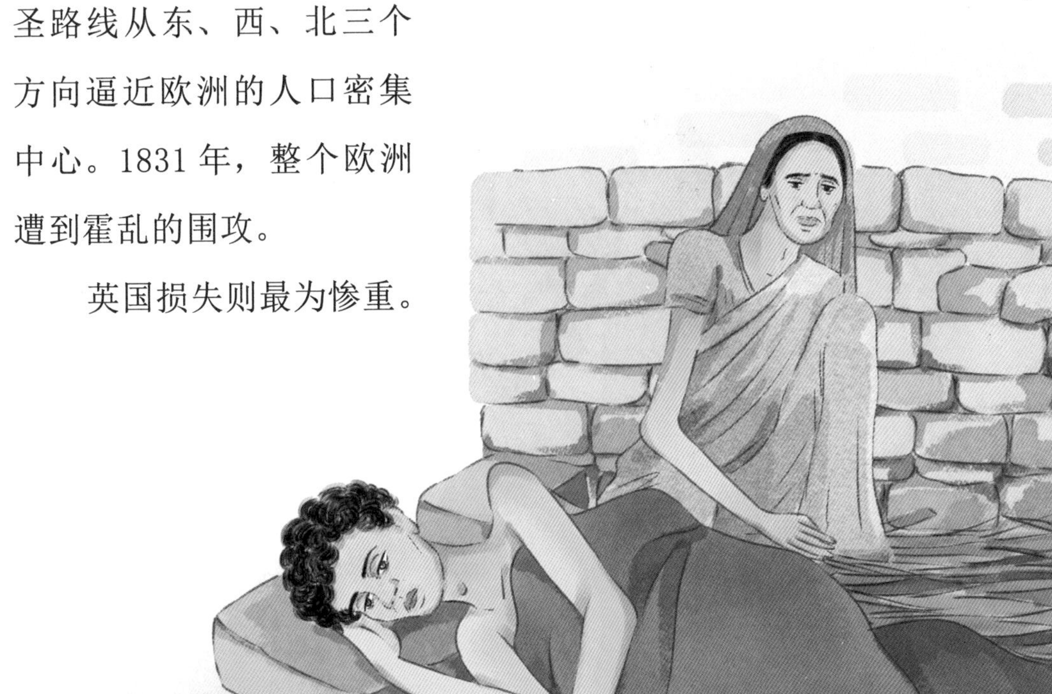

8 月，濒临北海的港口城市森德兰郊区，一位画师得了霍乱，上吐下泻，身体冰冷，不停地出汗，面色发青，体乏无力，发烧。他的运气很好，后来居然慢慢康复了。几天后，他的邻居染病，但这位邻居就没有这么好的运气了，很快死了。霍乱在森德兰快速传播，不断有人死去。医生们找不到病因，只能含糊地把这种疾病归为“夏季腹泻”。后来，霍乱从森德兰传遍整个英国。在城市和乡村，每天都有灵车不断往墓地运死人，工厂和商店空无一人，人们到处寻找药物，可是毫无用处。牧师们把这看作是上帝对“人类傲慢”的惩罚，许多人为自己“罪孽深重”而祈求上帝宽恕。

1832 年春天，霍乱来到法国巴黎。德国著名诗人海因里

希·海涅正在巴黎，他描述了当时的可怕场景："3 月 29 日，当巴黎宣布出现霍乱时，许多人都不以为然。他们讥笑疾病的恐惧者，更不理睬霍乱的出现。当天晚上，多个舞厅中挤满了人，歇斯底里的狂笑声淹没了巨大的音乐声。突然，在一间舞场，一位最使人发笑的小丑双腿一软倒了下来。他摘下自己的面具后，人们出乎意料地发现，他的脸色已经青紫。笑声顿时消失。马车迅速地把这些狂欢者从舞场送往医院。但不久他们便一排排地倒下了，身上还穿着狂欢时的服装……"

我们再来看看当时美洲的场景。

霍乱漫游英国之后，跨过圣乔治海峡，来到爱尔兰，从那里渡过大西洋，一直传到北美洲。在加拿大的魁北克和蒙特利尔登陆，然后侵入美国的领地。

1832 年 6 月 26 日，纽约市的一名爱尔兰移民因霍乱死亡。几天后，他的妻子和两个孩子也相继死去。

接下来，霍乱在纽约市爆发了。

运尸体的灵柩车来回穿梭于大街小巷之间。死亡来得太快，以至于有些尸体只能被抛在街上、沟中。居民们纷纷逃离城市，想到乡下避难。可是，乡下人也不愿他们把疾病带来，这些人刚刚跨过长岛海峡，罗得岛人就用枪声把他们赶了回去。

以纽约州为中心，霍乱向着四周扩散。在新奥尔良，霍乱夺去了 5000 人的生命。当底特律这个大城市出现霍乱时，密歇根州伊普西兰蒂的民兵竟然向来自底特律的邮车开枪。人人自危，国家一片混乱。

随后的两年，疫情夺去了美国上千万条生命。

后来，霍乱又爆发了好几次，每次都损失惨重。

随着霍乱疫苗的问世，霍乱渐渐成为可以控制的传染病。然而，20 世纪中叶霍乱又在非洲、南美洲和亚洲出现过几次，这些迹象提醒人们，霍乱这个瘟神并没有销声匿迹，它随时都可能重返人间。

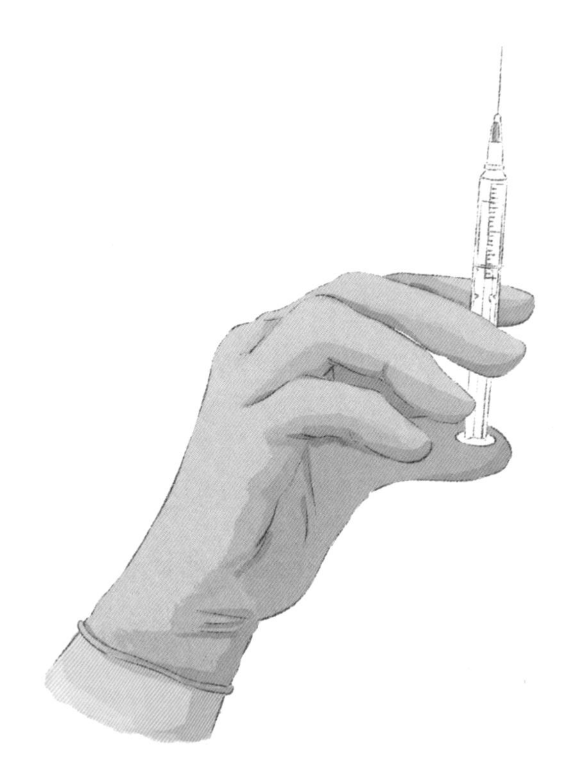

6. 生命的“收割机”

萌爷爷，您一说“生命的收割机”，就让人感觉脊背上一阵阵发凉。

是啊，不过古代人就是这么比喻疟疾的。那时的人一旦得了疟疾，基本上无药可治。想一想，他们对这种疾病该是怎样的恐惧！

疟疾是什么呢？为什么这样可怕？

首先，萌爷爷要告诉你，疟疾是一种极为古老的疾病。

科学研究表明，也许在50万年前，疟疾就存在于早期人类当中。法国考古学家发现，至少2万年前，现代智人在撒哈拉以南的祖先就已产生疟疾抗体。

中国在殷商时期，已有“疟”字的存在。公元前二三世纪，古罗马的文学作品中，曾提到了疟疾。成书于先秦时期的《黄帝内经》，也有对疟疾的详细记载。

历史的长河中，疟疾是蹂躏人类最长时间的疾病。

一直到现在，非洲都还困扰于疟疾的纠缠之中。疟疾的分布比我们想象的要广得多，全世界每年有2亿人会染上疟疾。

思茅是云南最繁华的市镇之一。1919年，疟疾开始流行。

1938年和1948年，这里爆发了两次恶性疟疾，每两个人中就有一人因病死亡。县府爷的衙门里，野草长到一人多高。到新中国成立时，原本七八万人口的市镇仅剩944人。

20世纪70年代，全国还有2000多万人，在家里忍受疟疾——俗称“打摆子”的折磨。

疟疾极为难治，所以人们称它为“生命的收割机”。

那些有权有势的人，他们得到的医疗条件是最好的，可是在疟疾面前，他们也毫无办法，连皇帝也不例外。

1693年，康熙皇帝得了疟疾，寒战、发热、倦怠无力，病情一天天沉重，太医院束手无策。法国传教士洪若翰进献金鸡纳霜，是防治热病、疟疾的特效药，这才治愈了康熙皇帝。

古希腊马其顿帝国的缔造者亚历山大大帝，曾征服希腊、扫平波斯、远征印度，打下庞大的江山，却在33岁时早逝。据史料记载，他在巴比伦地区得了疟疾，高烧10天，不治身亡。

公元410年，蛮族西哥特人的首领阿拉里克一世攻陷古罗马城。烧杀抢掠之后，他得意扬扬率军离开，前往非洲，路上急病身亡，死时年仅40岁。杀死他的同样是疟疾。

名人也难逃厄运。

文艺复兴时著名诗人但丁，在他的长诗《神曲》地狱篇里，描绘了恐怖的疟疾场景。不幸的是，完成《神曲》后不久，这位诗人就不幸死于疟疾。据说，但丁在从威尼斯返回拉文那途中，经过一个沼泽，感染了这种疾病。

19 世纪英国最伟大的浪漫主义诗人乔治·戈登·拜伦，为支持希腊独立而四处奔走。在希腊待了一个多月后，不幸染病，全身痉挛，不过并不严重。被一场暴雨淋湿后，又出现头痛和间歇性发热症状。经过四天的放血疗法，拜伦与世长辞，年仅 36 岁。当时医生认为他得了关节炎，后世的历史学家和医学家发现，拜伦当时驻地的附近是疟疾的易发、多发地，他的症状正是典型的疟疾。

疟疾的杀伤力巨大，甚至能改变一个国家的命运。

罗马就曾因疟疾而衰亡。

公元前 1 世纪，疟疾在罗马附近的低湿地带流行。公元 79 年，维苏威火山喷发。不久，疟疾开始大肆流行，罗马的蔬菜供应地坎帕尼亚死了许多人，继而整个地区被抛荒，成为声名远扬的疟疾流行区。

乔治·戈登·拜伦

疟疾导致古罗马人的胎儿成活率急剧下降。2011 年，英美考古学家挖掘了意大利罗马以北 112 千米处鲁那诺镇附近的一座坟墓，坟墓里有一名 3 岁幼儿的骸骨。经检测，孩子出生在公元 450 年左右，因为感染疟疾而丧命。

疟疾让古罗马的人们身体虚弱，寿命缩短，没有了彪悍的军队，国力日衰。

苏格兰也是因为疟疾，而失去独立。

1695 年，苏格兰遭遇前所未有的大饥荒，想学其他国家海外殖民。1698 年，曾举全国之力实施“达连计划”，准备在巴拿马建立海外殖民地。可是他们却遭遇了美洲热带病疟疾的袭击，大批工人被疟疾击倒，不但没了工作和战斗能力，还得派专人去照顾他们。而西班牙早就将巴拿马的达连视为囊中之物，趁火打劫。面对西班牙人的攻击，病得几乎连站起来投降都困难的苏格兰人毫无还手之力。1700 年，“达连计划”宣告彻底失败，苏格兰被迫“卖身”英格兰，作为独立国家的历史就此结束。

有时候，疟疾还决定着战争的胜负。

疟疾横行无忌的岁月里，人们不但要同看得见的敌人交战，还得对付疟疾这个看不见的敌人。

汉武帝征伐闽越（今福建一带）时，“瘴疠多作，兵未血刃而病死者十二三”，两军还未交战，汉武帝的将士就因为疟疾死了十分之二三。东汉马援率领八千汉军，南征交趾（今越

南北部红河流域），“军吏经瘴疫死者十四五”，因疟疾而死亡的士兵占十分之四五，这仗还怎么打呢？赶紧回家吧。清乾隆年间，几次进击缅甸，都因疟疾败师而回。有时还没见着敌人，“士卒死者十已七八”。

即使到了近现代，疟疾仍是人类最可怕的敌人。

二次世界大战时，太平洋战场大多处于热带，这儿也是疟疾的地盘。“我的地盘我作主”，来自温带的美军和日军对它毫无抵抗力。据统计，南太平洋战场的美军士兵疟疾发病率竟达千分之四千。也就是说，平均每名美军士兵至少得过四次疟疾。

日军的遭遇也差不多。他们不仅在太平洋战场饱受折磨，在中国和东南亚，日军因为疟疾而死的人数比战死的人数还多。

正因为疟疾如此可怕，某些地区还受益于它的“保护”呢。

啥？我是不是听错了，萌爷爷？

没错。要是你喜欢历史，就会发现一个奇怪的现象：东晋以前的统治者大多对长江以南的地区不感兴趣。因为中国古代

气候较炎热，长江以南地区丛林密布，水网密集，疟疾多发。东晋时期，南北朝对立，南方各王朝才迫不得已对长江以南进行大规模开发。岭南的开发，则迟到宋代。苏东坡就曾被贬谪到岭南，那时岭南仍然属于蛮荒之地，这是宋王朝对他的严厉惩罚。而对云贵地区的有效控制，则迟至明清时代。

近代非洲也曾得益于疟疾的“保护”。

从 15 世纪发现美洲起始，欧洲人就迅速在美洲殖民，但对离他们最近的非洲，却迟迟不敢下手。

因为非洲是疟疾的发源地啊。欧洲人长期没有对付疟疾的有效方法，他们怎么敢拿生命去开玩笑？1870 年，欧洲人才控制了非洲大陆的 10%，而且殖民地仅局限于沿海地区。至于非洲内陆地区，靠着疟疾的这道天然“防线”，没被欧洲人占领。直到欧洲人提炼出对付疟疾的药品——奎宁，才突破疟疾“疆域”，在短时间内将殖民帝国扩张到非洲内陆。

你一定很好奇：是什么样的幽灵，产生了疟疾这个大魔头？

生命女神不会直接告诉你的，需要你从她的魔盒里去寻找答案。

二、寻找真正的杀手

1. 猜测真凶

除了萌爷爷给你们讲的黑死病、杀人流感、天花、霍乱、疟疾等，还有好多疾病是隐形杀手引起的。麻风、斑疹伤寒、肝炎、腮腺炎、黄热病、癌症……特别是传染病，它们一旦现身人间，往往引起腥风血雨。

是谁操控了这些隐形杀手？它背后的真凶到底是谁？自从有了疾病以来，人们就在不断思索这个问题。

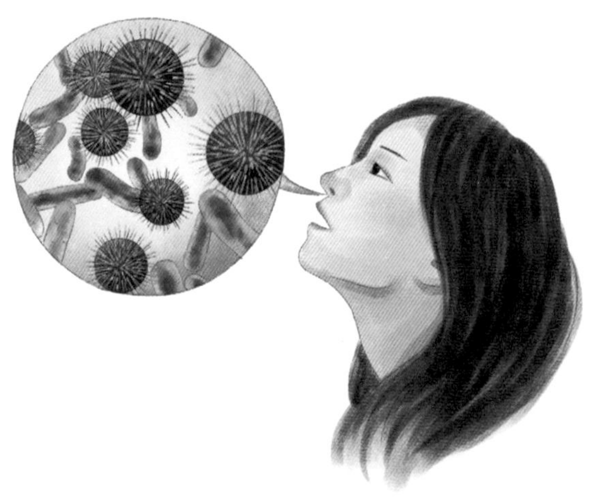

公元前116年，古希腊医生猜测，可能是沼泽地区的空气中有许许多多微小的动物，因为太小了，人们没法看见。这些微小动物侵入人的鼻腔和全身，人就会生病。差不多同一时代，古罗马学者瓦罗认为，传染病是由一种肉眼看不见、从嘴巴和鼻腔进入人体的小生物引起的。西方还有一种观点认为，瘟疫是污浊的水潭里植物或动物死亡后，腐败物所散发出来的有毒气体引起的。这种观点和中国古

人的观点不谋而合，他们给这种有毒气体起了个名字：瘴气。你要是看过动画片《宝莲灯》，一定记得三圣母的宝莲灯就是用来驱散瘴气的。有毒气体通过空气传播，当人吸入之后就会生病。

16 世纪中叶，欧洲文艺复兴运动之后，人们的自然观、疾病观变了，医学家们开始探寻疾病的本源。

欧洲中世纪被称为黑死病的鼠疫大流行，因病而死的居民几乎占到 1/4。在和黑死病的不断较量中，人们慢慢意识到，这种疾病和其他疾病不同，它能在某个时期使某个地区的很多人患病，还可以人传人，从这个地方传到另外一个地方。为了避免疾病的传播，人们采用隔离、焚烧等方法。

1546 年，意大利医学家吉罗拉莫·弗拉卡斯托罗第一次提出“传染病”的概念。他认为传染病是由一种肉眼察觉不到的微粒或“病芽”传播的，不同的传染病由不同的“病芽”引起。各种“病芽”对不同的物种、个体有特殊的亲和力，不同年龄的个体对疾病也有不同的感染性。他还认为，随着环境的变化，“病芽”也可改变它的性质。因此，某些传染病可以发生周期性的变化。他还提出了传染病的三种传播方式：一是由人直接传给他人；二是由传染物传给他人；三是传染物可借空气传播。他还指出水、沼泽等因素，也可能成为传染病流行的媒介。

你看，弗拉卡斯托罗的理论是不是已经逼近我们现代对于传染病认知的真相了？

不仅如此，弗拉卡斯托罗还根据“病芽”学说提出传染病的治疗措施——除了用药物来抑制、驱逐、杀死“病芽”外，还可以采取寒冷、高热来破坏“病芽”，或用相反物质来中和“病芽”的活力。

他主张采用隔离、检疫制度等方法阻止传染病的蔓延，用焚烧、烟熏、暴晒、冲洗等方法来处理传染物品，使“病芽”失去活力。

他还提倡不去公共场所、不去病家、保持居室通风、注意个人卫生、服用预防药物等预防措施。这些措施，在今天仍然有着积极的意义。2020年春节时，我们应对新型冠状病毒，不就是采用了其中的一些方法吗？

弗拉卡斯托罗生活的那个年代，还没有显微镜，他当然不知道细菌和其他病原生物的存在。但他依靠丰富的经验和巧妙的逻辑推理建立的学说，今天仍然有着它存在的价值，弗拉卡斯托罗也因此被誉

吉罗拉莫·弗拉卡斯托罗

为人类认识传染病的先驱。

此后，还有很多科学家提出和弗拉卡斯托罗相似的看法。1707 年，瑞典的生物学家林奈认为传染病是由某种疥癣虫引起的，他的寄生虫学说得到很多医生赞同。1720 年，英国医生玛尔滕认为结核病是由微小动物引起的。与此同时，法国医生葛丰则认为鼠疫的传播也是由致病的小生物引起的。哲学家罗比内认为天花毒疱液体和鼠疫患者的腹股沟腺炎中有大量的带翅小虫，形状如某种长翅膀的蚂蚁。1840 年，一位名叫亨勒的学者断言，传染病是由一些具有极大繁殖力的最低级生命引起的。

林奈

生物学者虽然靠推理正在逼近真理，可是，科学却只能靠实证下结论，没有实证支持的假设是没有太大价值的。

2. 通往隐形世界的“眼睛”

是不是真正存在人们眼睛看不见的“小虫子”呢？

生命女神不会回答，她只管打开和关闭魔盒。

现在，快跟着萌爷爷走吧，让我们坐上时空穿梭机，回到1595年的荷兰。

看到那个叫亚斯·詹森的少年了吧？他正在玩什么呢？啊，是凸透镜。他手里有两片凸透镜，一片大，一片小。他把它们重叠在一起，然后又拉开，左看右看，又重叠……“爸爸，您快看，这只蚂蚁成‘巨虫’了！”

蚂蚁怎么会成“巨虫”呢？原来詹森把两片重叠的镜片拉开适当的距离时，透过两个镜片去看蚂蚁，发现蚂蚁被放大了好多倍。

父亲和詹森一起动手，做出了世界上第一台复式显微镜，它便是今天光学生物显微镜的“老祖宗”。

詹森父子发明的显微镜放大倍数不高。后来，意大利科学家伽利略·伽利雷加以改进，一下子让物体放大了好多倍。

说来也有趣，伽利略最先制造的其实是望远镜。

1609年，伽利略收到一位荷兰朋友的来信，信中写道：“这

里有一位荷兰人汉斯·李普希，他制造了一种特殊的镜片。昨天我在河边散步时遇到了他。他把镜片递给我，要我看河对岸的一个姑娘。我透过镜片看了看那姑娘，她的脸庞好似近在咫尺。我惊讶地叫起来。我以为我可以摸到她，于是我伸出手去，结果没摸着姑娘，还差点儿掉进河里。李普希笑了，说那个姑娘还在河岸的对面。”

伽利略对这种镜片很好奇，他亲自动手，磨了一个凸透镜和一个凹透镜，再把透镜安装在一粗一细两根管子上，把两根管子套在一起，通过调节两根管子的距离，来观察远处的事物。最开始的时候，这种望远镜只能放大3倍。1610年，改进后的望远镜能放大足足33倍，可以看得清海上几十海里外船上的人。后来，伽利略将望远镜的原理应用于研制显微镜，以观察微观世界。他研制出世界上第一台两级放大的显微镜，看见了用肉眼无法察觉的微观世界，惊呼：“我看见了！我看见了！我看见昆虫的复眼了。用这镜子看小小的苍蝇，就像母鸡一样大！”

让我们再坐上时空穿梭机，去1665年的英国。

那个叫罗伯特·胡克的先生在干什么呢？哦，他在利用自己设计制造的复式显微镜观察栎树皮的薄片，他看到了薄片里植物细胞的结构，它们就像一片片蜂巢状的小室，他给这些小室起名为“cell”。细胞的英文“cell”就是他定的名，一直沿用至今。

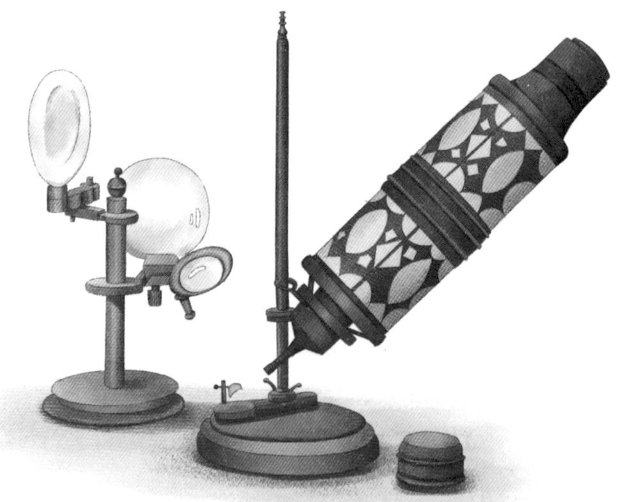

其实，他所观察到的只是纤维质的细胞壁，并非完整的活细胞，但这一发现正式开创了显微镜以后的发展方向。

意大利人马尔切罗·马尔比基是最早把显微镜应用于生物医学领域的人。他用显微镜研究青蛙的肺，研究蚕，还对鸡蛋孵化成小鸡的发育过程做了仔细观察。

我们再把车轮转向，驶往荷兰吧。

你看，那就是大名鼎鼎的列文·虎克，他正在摆弄手中的镜片。

列文·虎克小时候家里很穷，他当过学徒，也当过守门人。没事的时候，他就喜欢磨制玻璃透镜，他觉得用各种凹凸镜来观察事物是人生最大的乐趣。

1650 年，列文·虎克改进了显微镜，使显微镜的放大倍数达到 270 倍。这台当时最先进的显微镜使列文·虎克有了许多重大发现。1702 年，他在观察轮虫时，偶然发现了微生物。他说：“使我非常惊奇的是，我发现一滴池塘水中含有很多非

常小的微动物，其行动非常逗人喜乐，可以和大量在空中游乐的蠓虫和苍蝇相比。”

可虎克先生显然不满足于只看到这些小小的“虫子”，他更希望知道它们是从哪儿来的。他收集下雨时的雨水来观察，发现里面并没有微生物。于是，他把雨水放在露天里，到了第四天，再去观察雨水，他看到雨水里有了许多微生物和灰尘。他由此得出结论：微生物来自空气中的灰尘。他还进一步证明了微生物能繁殖。

可是，这些微生物和致病“幽灵”有关系吗？虎克先生并没有说明白。而法国医生卡西米尔·约瑟夫·达韦纳想到了这一点。

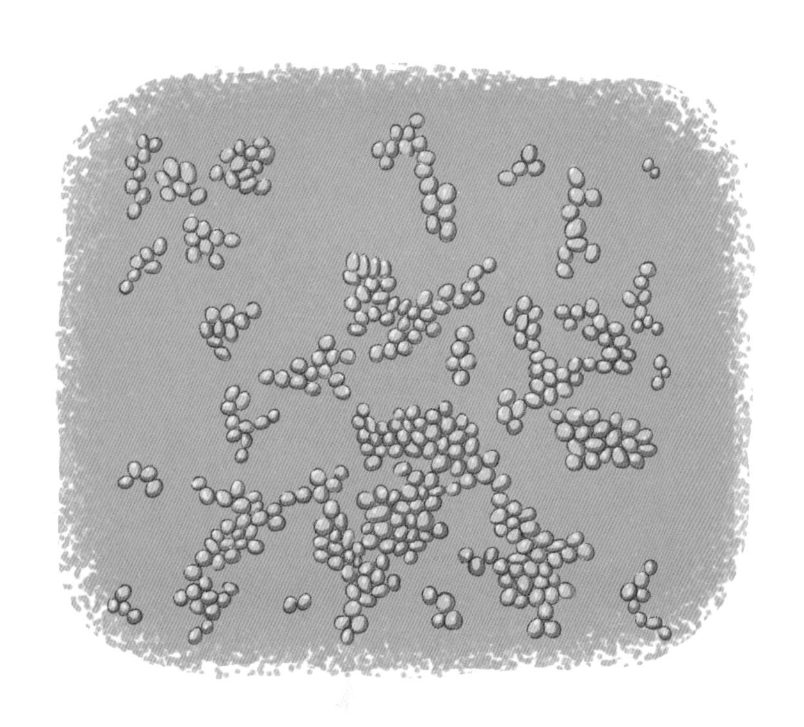

3. 第一个显形的“幽灵”

在讲达韦纳的故事之前，萌爷爷先带你了解一下炭疽病横行无忌的历史。

很久很久以前，炭疽病就出现了，它一旦传染起来，非常非常可怕。生于公元前 70 年的古罗马诗人维吉尔（全名普布留斯·维吉留斯·马罗）曾在《农事诗》中这样描述：“远望羊群时，偶尔有那么一只羊在树荫下久久徘徊，吃起草来也无精打采……不要犹豫，快用刀将它体内的恶魔驱除，不然整个羊群都要遭受恶魔的荼毒……疾病裹挟着恶魔来得急速又凶猛，灼烧的痛苦沿着羊儿和牛儿的血管蔓延，腐蚀着它们原本强健的肉体。先前温顺的狗变得狂躁不安起来；猪也被费力的喘气折磨得痛苦不堪；马儿忘记了奔跑，耷拉着

维吉尔

耳朵，用蹄子使劲蹬着大地……死神正一步步逼近，最终它们全部倒地，就此长眠。”

炭疽的名称来源于希腊文，意思是煤炭，因为得了炭疽病的人，皮肤上会出现黑痂，就像煤炭的颜色。中国古代称之为“痈”。最容易染上炭疽病的人群是屠宰工人、制革工人、剪羊毛工人等，所以人们也曾把它称作“剪毛工病”。

历史上，炭疽病曾造成巨大的灾难。公元 80 年，炭疽病在古罗马流行，死亡近 5 万人。19 世纪时，中欧有 6 万人因炭疽病失掉生命，几十万头牲畜死亡。

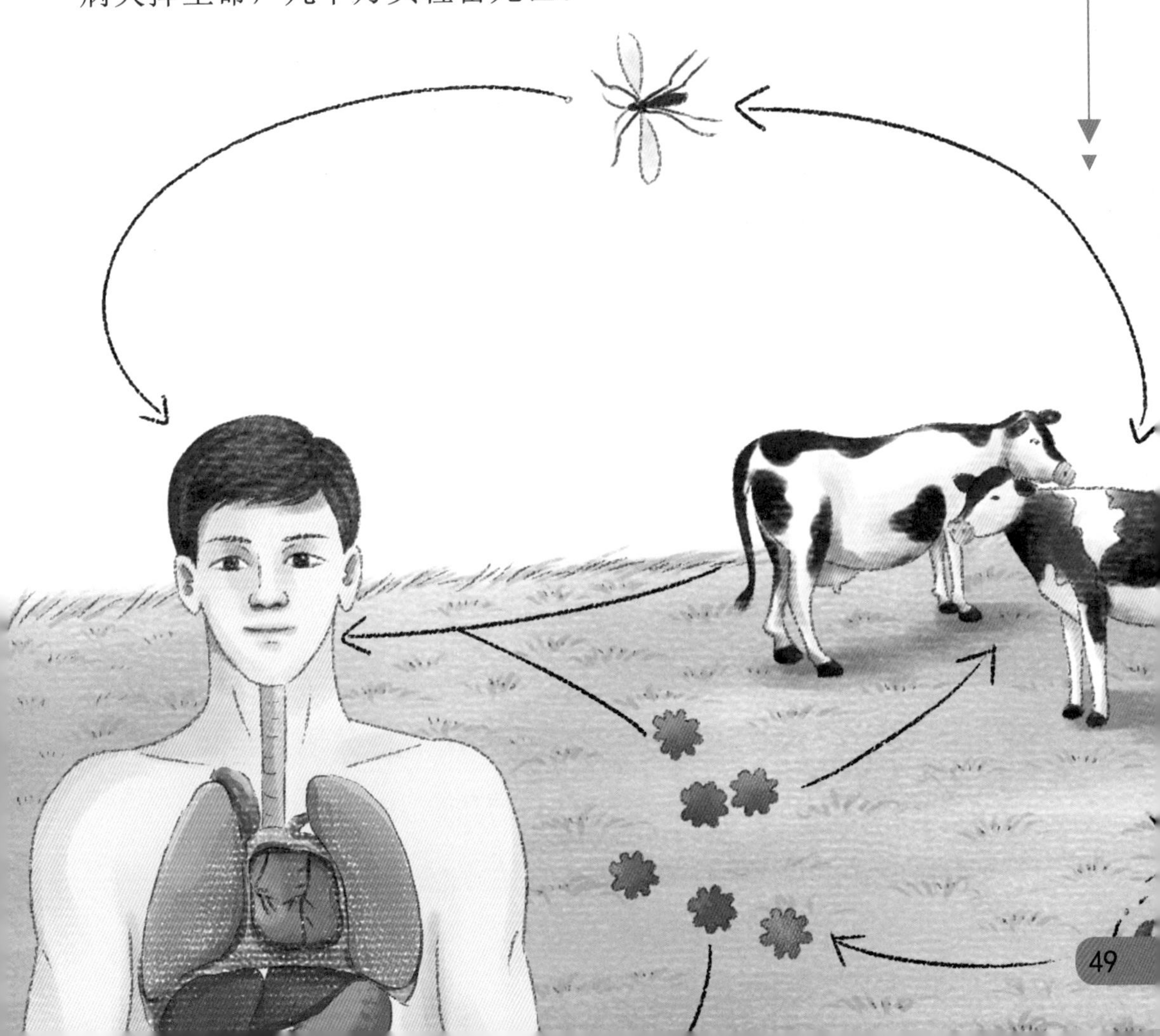

即使到了现代，炭疽病也依然顽固地存在。1979 年到 1985 年间，津巴布韦发生了人类有史以来最大的一次炭疽病流行，感染病例超过 1 万人；2011 年，我国辽宁鞍山市海城、岫（xiù）岩地区也发生了炭疽病疫情……

那么，炭疽病是怎样导致人和牲畜死亡的呢？

让我们一起看看 1850 年的法国。

“哇，快看！这里有好多‘虫子’！”摆弄着显微镜的正是达韦纳。“是的，达韦纳，你说得很对，这些奇怪的‘纤毛虫’是我们在健康的牲畜血液里没有发现的小东西。”另一位医生凑过去仔细观察，“它们只存在于生病的牲畜血液中，这也许就是牲畜们患炭疽病的原因。”“短棒状，大小约红细胞的一半”，达韦纳这样描述这种竹节状结构的“虫子”。

这就是致使炭疽病发生的“小小家伙”，第一个被发现的致病微生物幽灵——炭疽杆菌。

可是，达韦纳的发现并没有引起人们的重视，他也没有足够的证据来说明炭疽杆菌就是凶手。

当炭疽病再次在欧洲爆发时，达韦纳重新进行了动物实验。

一头病死羊的血被接种给几只兔子，他发现兔子的血液中也出现了同样的“纤毛虫”。

随后，达韦纳又把病羊的血接种在其他健康动物体内，发现这些“毒血”可以使被接种的动物致病并互相传染。

而且，炭疽杆菌的威力巨大。达韦纳曾做过这样一个实验：

他把10滴炭疽杆菌血样注射到一只兔子体内，可怜的兔子在40小时后就死去了。接着，这只死兔子的血被注射给第二只兔子，再用第二只兔子的血去感染第三只兔子。以此类推，每次都减低血滴的注射量。到了第五只兔子，仅用了最初10滴血的0.01滴，这只兔子瞬间就失去了生命。当感染到第15只兔子时，只需要四万分之一就可以致命。而到了第25只兔子，血液中病原体的毒性竟然强到了不足百万分之一滴！

同时，还有另外两位科学家发现，只要使用细菌过滤器将病羊的血液进行过滤，过滤后血液将会失去传染能力，而残留在过滤器上的血液仍具有传染能力。

这充分证明：炭疽杆菌就是炭疽病的幕后真凶！

和达韦纳处于同一时代的德国医学家罗伯特·科赫也揪出了炭疽杆菌，并且发现炭疽杆菌的“永生”妙招。

啊，炭疽杆菌还拥有“不死”法力？

科赫发现，炭疽杆菌非常狡猾。当情况不妙，尤其氧气缺乏时，炭疽杆菌会在内部形成椭圆形的芽孢，处于休眠状态。可一遇到条件适宜之时，炭疽杆菌就又变成杆状，开始“烧杀抢掠”。

2016年8月，俄罗斯爆发了炭疽疫情，西伯利亚地区约2300头驯鹿死亡，亚马尔半岛大约40人疑似感染炭疽病住院，一个孩子还不幸死亡。

而这次疫病的起因竟然是：炭疽杆菌“越狱”了。

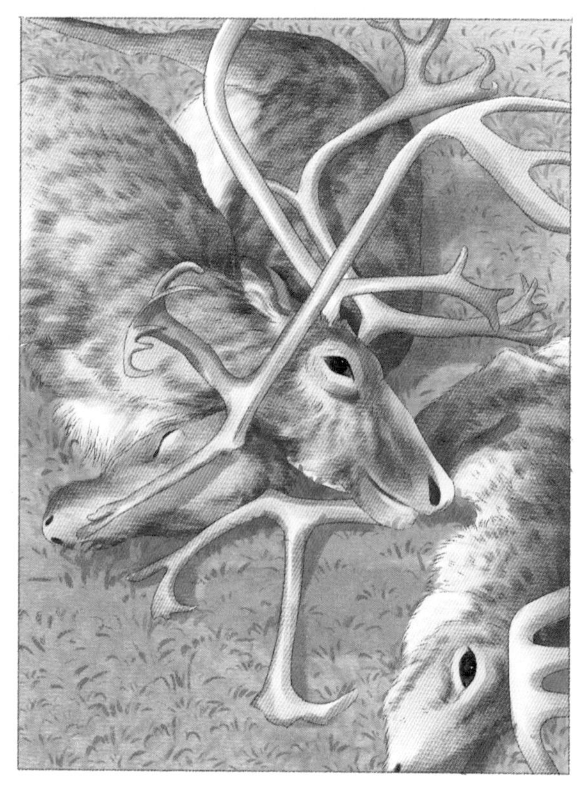

1941年，西伯利亚爆发了炭疽疫情，死亡的驯鹿被埋在冻原上。可是2016年夏季的气温偏高，西伯利亚的冻土层融化，驯鹿尸体暴露了出来。尸体中的炭疽病毒趁机“越狱”，导致当地再一次爆发了炭疽病。

正因为炭疽的这一“不死”特性，有些国家还利用它作为生化武器呢。

二战时期，美、英、日等国家就开始研究以炭疽杆菌为基础的细菌武器。日本臭名昭著的731部队，抓捕中国老百姓进行惨无人道的炭疽武器活体实验。二战结束后，苏联军方发现731部队遗留下来的炭疽细菌研究报告，于是他们就以这些报告为基础，研制炭疽生化武器。

可是炭疽杆菌太危险，苏联人一不小心就害了自己。1979年4月，苏联斯维尔德洛夫斯克市（今俄罗斯叶卡捷琳堡）的秘密军事设施发生了炭疽泄漏事故。炭疽杆菌随风向东南方向缓慢移动，造成沿线50千米住地居民及牲畜患病或死亡。这场

意外至少夺走了 66 人的生命。

2001 年，美国“9·11”事件后，恐怖分子曾把炭疽杆菌放在信封里寄到美国，导致美国至少 22 人遭受炭疽杆菌感染，5 人死亡。

为什么到了 21 世纪，炭疽这种古老的疾病还如此厉害，连现代医学对付它都还很吃力呢？

原来，炭疽杆菌拥有两把“杀人刀”。

当它们从损伤的皮肤、胃肠黏膜和呼吸道进入人体后，先在局部进行繁殖。在繁殖的时候，它们释放出两种毒素：“致死因子”和“水肿因子”。这些毒素破坏血管细胞，血管细胞就变成“筛子”，血就会渗透出来，被感染的动物或人就会发生严重出血；毒素还会导致人全身中毒，病人会发烧、头痛甚至休克。而在感染局部，毒素可以引起组织坏死、化脓和高度水肿。皮肤炭疽容易痊愈，但胃肠炭疽病死率可达到 25%～75%，肺炭疽的病死率可高达 90% 以上，病人通常会在 1～3 天内死亡。

所以，千万不能对这个“幽灵”掉以轻心。

4. 科赫的发现

罗伯特·科赫这个人，是很了不起的，他被称为是“传染病克星”，抓住了好多致病幽灵。

科赫在东普鲁士的一个小镇当医生时，镇上很多牛感染了炭疽病，科赫就去研究这种病。通过显微镜，科赫在死牛的脾脏中找到了引起炭疽病的细菌，然后把这种细菌注射到老鼠体内。很快，炭疽病就在老鼠群中传播开来了。在对染病而死的老鼠进行观察后，科赫发现它们致死的细菌和牛体内的细菌是一样的。

这是世界上第一次运用科学的方法，证明某种特定的微生物是某种特定疾病的病原。而科赫也由此提出验证疾病是由致病菌引起的证病律——科赫法则：为了证明某一种细菌是某一疾病的病因，必须在这种疾病的所有病例

罗伯特·科赫

中都发现有这种细菌；然后，必须将这种细菌从病体中完全分离出来，在体外培养成纯菌种；这种纯菌种，经过接种后，必须能将疾病传给健康的动物；按上面规定的方法接种过的动物身上，必须取得同样的细菌，然后，在动物体外再次培养出这种纯菌种。

你看，科赫证明炭疽杆菌的方法完全符合科赫假说，所以他得出结论：炭疽杆菌就是炭疽热的致病凶手。

说到培养细菌，你知道是怎样培养的吗？

早些时候，人们是用肉汤培养细菌的。可是肉汤里生长的细菌种类太多了，混在一起不好分离和观察。有一次，科赫看到洋菜胶，头脑中灵光闪现：把肉汤冻成一块，不就好分离了吗？于是他把肉汤洋菜胶倒入培养皿里，冷却后的肉汤凝成胶状平板。科赫把带有细菌的接种器在胶状平板上留下几道划痕。几天后，他得到令人惊喜的成果：平板上出现了一堆堆单一纯种的细菌落。这是世界上第一次分离出纯种细菌的培养基。

问题又来了：在显微镜下，细菌是无色而透明的，没办法看清它们的内部结构。怎么办呢？给它们染色呀。可科赫找了好多的染料，经过数百次尝试，都无法让这些小东西着色。1856 年，英国化学家威廉·亨利·珀金发明了一种叫苯胺紫的化学合成染料，色彩鲜艳、着色牢固。科赫得知后，立即用这种染料给细菌上色。哈，这些小不点儿在显微镜下顿时原形毕露。细菌染色法的发明，为以后的细菌学研究提供了极大的方便，人们再也不怕细菌“隐身”了。

作为“细菌克星”的掌门人，科赫还有好多厉害的招数呢。

比如对付结核病菌。肺结核这种疾病，可谓历史悠久，考古学家在 7000 年前的古人类遗骸胸椎中发现了结核性病变；古埃及木乃伊脊椎上有结核性病变；中国马王堆一号汉墓出土的 2100 年前的女尸，左肺存在结核钙化灶。

在我国古代，人们把肺结核称为“肺痨”“痨病”，同时它也是一种可怕的传染病，死亡率极高。鲁迅先生的小说《药》中，华大妈一听儿子华小栓得了肺痨，脸色马上就变了。而鲁迅先生最后也是死于肺痨。

西方，肺结核曾被称为“死亡之首”。1799 年，英国爆发了肺结核病，每 3.8 个死亡者中就有一个死于结核病。之后，整个欧洲被结核病困扰，1/4 的人死于结核病。

肺结核太可怕了，科赫决定揪出它的元凶。1881 年，他正式投入了对肺结核的研究。

科赫从医院带走结核病人的结节，弄碎后放在高倍显微镜下观察。

可是结核病菌隐身功能太强大了，科赫找了各种化学染料，制成许多结核结节涂片，都没有发现病菌。直到有一天，他用次甲基蓝对结核结节染色后，终于在显微镜下发现了蓝色、细长的小杆状体，看上去比炭疽细菌小得多，有一定的弯曲度。它们有的单个分散着，有的相互排列着。啊，这就是结核分支杆菌呀！科赫和助手们高兴极了。他们还把死于结核病的动物结节也找来进行观察，在这些动物结节内也发现了这种细菌。

要证明结核分支杆菌是致病微生物，必须满足科赫四法则。第一个法则做到了，可是在第二法则体外培养纯菌种上，科赫又遇到了“劲敌”——几乎没有合适的培养基能在动物体外养活这种细菌。一次又一次的失败，让科赫困惑不已：“难道它们只能在活体中才能存活吗？我是不是错了呢？”尽管很难，科赫还是没有放弃。他把以前所有的培养基都试了一遍，又新配制了许多特殊成分的培养基，但结核菌就是不生长。

唉，这可真是让人伤脑筋啊！

短暂动摇后，科赫继续坚持实验。终于，他找到了著名的“血清培养基”，它和组成活体的成分几乎完全一样。科赫用血清固体培养基分离出结核分支杆菌，接种到豚鼠体内，豚鼠患上肺结核病，然后在豚鼠体内找到了这种病菌。

至此，科赫终于成功地证实了结核分支杆菌这个幽灵是结核病的病因。这个发现太重要了，1905 年，科赫因此获得诺贝尔生理学或医学奖。

此时的科赫并没有停下脚步，他仍然坚持致力于结核病的防治研究，一直到生命终结。

科赫抓住的另一个微生物幽灵是霍乱弧菌。

1883 年夏天，埃及爆发了霍乱。霍乱从印度起源，经埃及或阿富汗传到欧洲南部，全欧洲都面临着威胁。埃及政府吓坏了，赶紧向周边国家求助。接到求助后，德国和法国政府纷纷组织医疗团队开赴埃及亚历山大港。

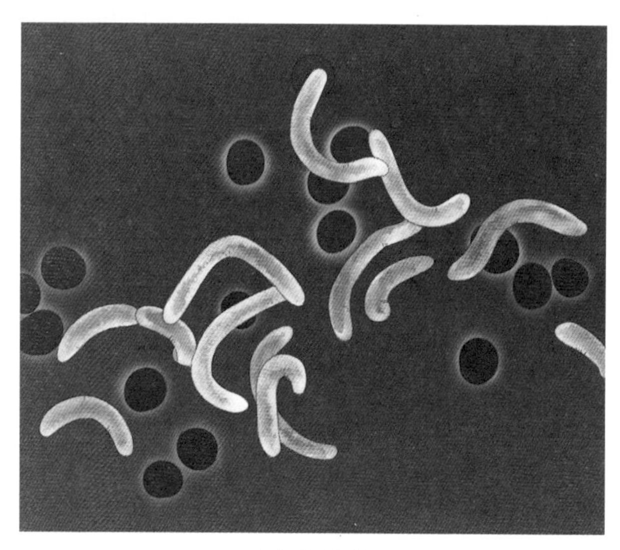

霍乱弧菌

科赫带着德国医疗队，一到埃及就投入可怕的尸检工作中。一个月过去了，当科赫刚刚抓住霍乱的蛛丝马迹时，奇怪的是埃及的霍乱高峰突然消失。

怎么办呢？好不容易才有一点儿头绪。科赫决定到印度去，那儿可是霍乱的发源地。

印度加尔各答医学院实验室的设备很齐全，科赫工作起来很顺手。他检查了几十具死于霍乱的尸体，发现了和埃及霍乱

死者身上相同形状的细菌。这些微小的半月形细菌，可以在霍乱病人的肠道中找得到，但健康人的身体里却没有。

这种细菌，就是致使霍乱发生的霍乱弧菌。

为什么印度会是霍乱的起源地呢？科赫走出实验室，走到印度最下层的人群中。在这里，他看到下水道污物堵塞，大街上肮脏不堪，到处是蚊子和苍蝇，人们饮用的井水被严重污染……科赫从井里取出浑浊、散发着臭气的井水，回到实验室去化验、检查。在这些井水里，大量的霍乱弧菌如鱼得水，自由快乐地生活着。

科赫明白了，霍乱弧菌就喜欢生活在肮脏的场所啊。回国后，他不断呼吁，要采取卫生措施来消灭霍乱弧菌。由于证据有力，终于说服了那些持“不干不净，吃了没病”传统生活观念的人们，通过了限制霍乱传播的新卫生条例，成功地找到控制这种疾病的办法。

1890 年 4 月，德国政府成立了传染病研究所，任命科赫为所长。

号称“细菌克星”的科赫继续出发，进一步寻找新的病菌，并想方设法“扼杀”它们。

1896 年 10 月，英国政府向科赫求救：牛瘟在南非流行，牛的死亡率高达 90%。由于牲畜一直被向南驱赶，这种疾病一直传到南非的英属殖民地好望角，可把英国政府吓坏了。

三个月以后，科赫成功地找到病原体，并找到使牲畜产生

免疫力的方法。他报告英国政府，使用他的免疫方法可以拯救 95% 的牛。单是在好望角，牛就被救活了 200 万头。

1897 年，科赫开始研究鼠疫和昏睡病，他发现鼠疫是由虱子传播的，昏睡病的传播者是一种采采蝇。

在科赫法则的指导下，19 世纪 70 年代到 20 世纪 20 年代，这个时期成了发现病原菌的黄金时代。科赫和那些致力于研究传染病的医学家们发现了大量的病菌：白喉杆菌、伤寒杆菌、鼠疫杆菌、痢疾杆菌等。

科赫一生获得了很多的荣誉，可他并不看重这些，总是不知疲倦地去研究各种传染病，从不顾惜自己的身体。1910 年 5 月 27 日，这位和传染病战斗了一生的战士终于停下了前进的步伐。

人们永远不会忘记科赫！

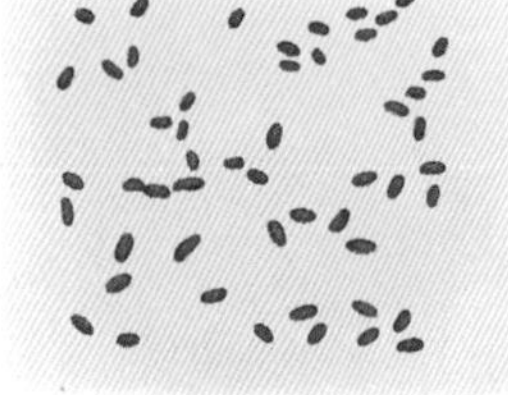

鼠疫杆菌

痢疾杆菌

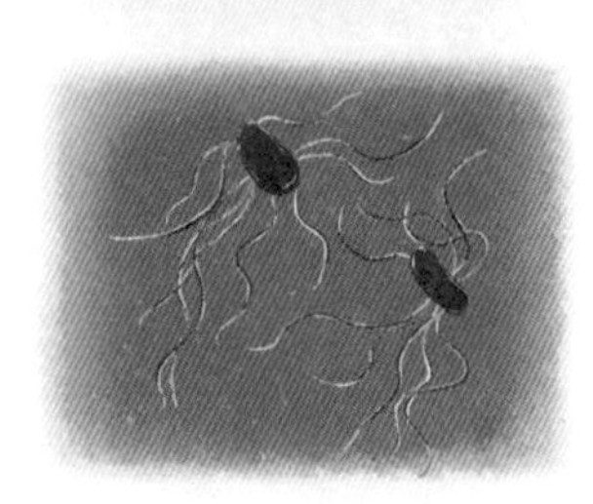

白喉杆菌

伤寒杆菌

5. 血液中的“寄生虫”

疟疾，生命的收割机。生命女神高举魔盒，带着它在地球上飞行，收割着一茬茬生命。

为了对付这个带着镰刀的死神，人类几乎穷尽整个文明史，不懈地追究疟疾的来历。

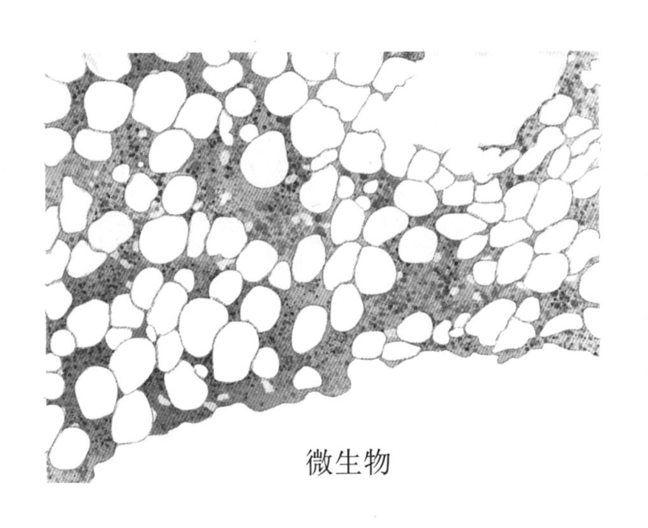

微生物

古希腊将疟疾称为“沼泽热”，因为沼泽水源密集处极易发病。古罗马时代的人和古希腊人的认识差不多，他们认为沼泽中会产生肉眼看不见的微生物，通过嘴巴和鼻子呼吸进人体。中国古代的岭南、云贵地区丛林众多，水网密集，是疟疾的多发之地。只是那时候不称疟疾，称“瘴气”，中了瘴气就离死亡不远了。韩愈因为反对宗教活动（迎佛骨）得罪了皇帝，被贬到广东，就给送别自己的侄孙韩湘写了一首诗，很悲伤地说：“知汝远来应有意，好收吾骨瘴江边。”

你看，古人已经模模糊糊感受到疟疾与湿热、沼泽的联系了，而且知道是在空气中传播的。可是，疟疾的凶手到底是谁？

生命女神啊，又一次抛下她的谜题。

让我们打开魔盒，和查理斯·拉韦朗一起去追寻答案。

现代医学研究证明，细菌、病毒和其他一些微生物是引起许多疾病的罪魁祸首。可是在 19 世纪，所有人都认为，只有细菌才会使人生病。

这是为什么呢？

因为光学显微镜的发明，让那个世纪的人们快速找出了伤寒、炭疽、霍乱、结核病、白喉、破伤风等致命疾病的凶手——细菌，所以人们坚信，导致疟疾的也一定是某种细菌。

啊，看到生命女神在微笑，她在笑人类找错了方向吗？

但她却不会指点迷津，这是对人类的考验。

直到法国医学家查理斯·拉韦朗的出现。

拉韦朗出生于医学世家，他的祖父和父亲都是医学教授。18 岁时，拉韦朗就进入军医学校学习，在 39 岁时，拉韦朗就获得了医学教授的职位。

查理斯·拉韦朗

凭着精湛的医术，拉韦朗曾被派到非洲北部阿

尔及利亚的一个军队医院工作。

19 世纪是疟疾横行的时代，人的生命就像庄稼一样，被死神一茬茬收割，人类的生存遭到严重威胁。而当时的医生们对它束手无策，寻找疟疾细菌的工作也没有任何进展。

拉韦朗决定要揪出制造疟疾的元凶。

作为一个热带国家，阿尔及利亚最不缺的就是传染病。那些被送到医院来的疟疾病人，因为没有靠谱的治疗方法，基本上也相当于被判了死刑。

病人们接连死去，拉韦朗焦急万分，可他也没办法呀。1880 年，他把一位刚刚死亡的疟疾病人的血样制成涂片，放在显微镜下观察。同往常一样，他什么细菌都没有看见。但是，等等，血液里好像有一种黑色颗粒！

是不是所有的疟疾病人血液里都有这些颗粒呢？

拉韦朗又找了一些疟疾死亡者的血液观察，同样发现了这些颗粒。

这就有点儿意思了，拉韦朗好像明白了什么。

在别人眼中，这并不是什么大事儿，之前许多研究者早就有类似的发现，他们都没把这些黑色颗粒放在心上。我们说了，那时的观念是：细菌才是病原体，这些颗粒又不是细菌。

但在拉韦朗眼里，这绝对是值得探究的颗粒，一定隐藏着什么秘密。

于是，拉韦朗便用大量的时间来研究这种黑色颗粒。没想到，这一研究，他还真看出不一样的东西了。

这些颗粒居然可以随意改变大小，还能自由运动。最重要的是，在血红细胞内，他还看到了形状圆润、充满色素、带有鞭毛样突出体的移动颗粒。有一天，他居然观察到一个游动颗粒摆了摆它波浪形的尾巴。啊，是自己眼花了吗？之后，他又看到了这种现象。这让他怀疑，自己看到的不是一个细菌，而是一种原生动物。

拉韦朗是个十分谨慎的人，他没有急于公布自己的发现。接下来，他又继续检验了上百个患有疟疾和未染疟疾的病人血样。结果发现，这些黑色颗粒只存在于疟疾患者血样中。

1882年，拉韦朗从第480位疟疾患者体内发现了同样的病原体后，确认这些黑色的小东西就是导致疟疾的罪魁祸首。

接下来，他又花了两年时间，才把它确认为是一种从未见过的寄生虫。他给其取名为：疟原虫。

在拉韦朗的论文中，他详细地描述了这种寄生虫在人体内变化、增殖和侵袭的过程。

疟原虫是短跑健将，侵入人体后，它会以超快的速度从皮下直达肝脏，侵入肝细胞，躲过人体免疫大军的攻击。到了肝脏后，这些小东西如鱼得水，侵吞肝细胞的营养，大量、快速地分裂繁殖，形成裂殖体。不到一周的时间，

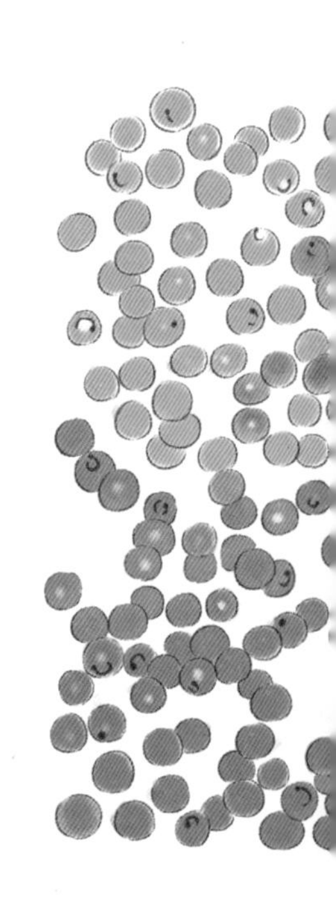

数以万计的裂殖体就会涌进人体血液，吞噬红细胞内的血红蛋白。这时，患者就会陆续出现发高烧、打冷战等症状。不久，血液里 2/3 的红细胞都会被疟原虫们占领。人体大量的红细胞被破坏后，病人就会出现“黑尿”症状，离死亡也就不远了。

可是，这么确凿的证据，人们却视而不见。原来，在拉韦朗埋头研究疟原虫时，有两位科学家已经宣称他们发现了疟疾病原体“疟疾芽孢杆菌”。尽管无人能亲自证实这类细菌的存在，但学术界却默认了这一观点，并指责拉韦朗的结论是“谬论”。

可以想见，拉韦朗当时的心情该是怎样的愤懑啊！然而他并没有被击倒，仍然继续着自己的研究。他发现，不只是人，其他动物患体上也有这类疟原虫。

事实上，疟原虫并不是虫子，而是一种微小的原生动物，只由一个细胞组成。

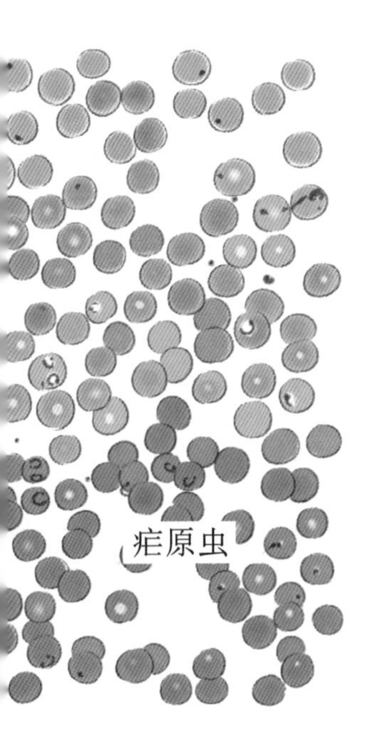
疟原虫

随着染色体技术的发展，越来越多的人发现了疟原虫的存在。尽管如此，有些人仍然不相信自己所见到的是原生动物，甚至一口咬定那是腐烂的血红细胞。

时光流转，人们逐渐在大部分疟疾流行区都证实了疟原虫的存在。1889 年，主流学术界基本上肯定了拉韦朗的发现，认为疟原虫的确是疟疾的病原体。

拉韦朗呢，才不在乎别人的认可与否

呢，他要忙着去找疟原虫的来源，好把这些幽灵关在生命女神的魔盒中。可是他检测了疟疾病区的土壤、水和空气，都找不到疟原虫的踪迹。他也曾推测蚊子可能是疟疾的传播媒介，可惜没能找到证据。

还好在 1897 年，英国医生罗纳德·罗斯在疟蚊体内发现了疟原虫的卵囊，从而证实了拉韦朗的猜测。后来，罗斯因为这个成果摘得了诺贝尔奖。这也让后来的科学家找到了防治疟疾的方法，那就是做好水源卫生，减少蚊虫的滋生。

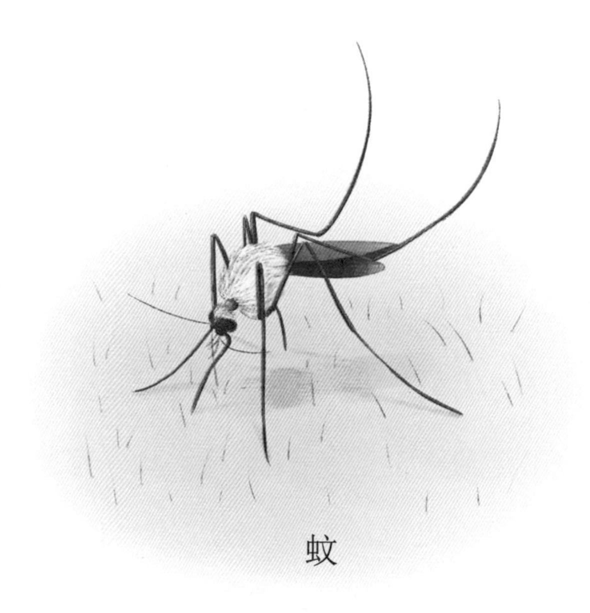
蚊

疟原虫的发现让科学家们寻找致病生物的范围扩大了。到 1890 年，很多致病的原生动物被发现，最出名的当数锥虫的发现。

在非洲，有一种奇怪的病，不管是人还是牲畜，只要染上这种病，就会让患病者像中了邪似的昏睡。随着睡眠时间越来越长，患者逐渐陷入无法唤醒的昏迷，直至死亡。

而昏睡病，正是由锥虫引起的。多位科学家为发现这种致病原生动物做出了重要贡献，但拉韦朗是其中最出色的一位。

拉韦朗把人工感染的实验动物带回巴黎的实验室研究，观察锥虫在大鼠、鱼类、鸟类和爬行动物体内的活动，他发现的锥虫种类就多达近 30 种，差不多整个锥虫属的发现都要归功于他。

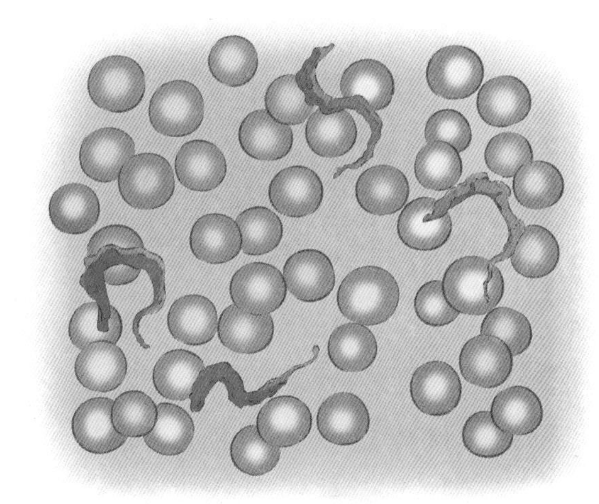

锥虫

1907 年，拉韦朗终于因发现疟原虫、对疟原虫病的研究而被授予了诺贝尔生理学或医学奖。

获奖后，他把一半的奖金捐给巴斯德研究所，设立了一间热带医学实验室。

拉韦朗的一生从未停止过对致病原虫的科学探索。在他那个时代，死神最强大的对手就是传染病医生，而拉韦朗是他们中的佼佼者。凭一己之力，拉韦朗从死神的手中夺回了千万人的性命。

6. 百变杀手

生命女神的魔盒里，跑出了细菌、原生动物等致病幽灵，制造了无数的人间惨剧。但是，还有一个狡猾无比的“小小家伙”——病毒，也时不时溜出魔盒，祸害人间。

大多数病毒比细菌还小。别看病毒个头小，它的威力可一点儿不亚于细菌、原生动物这些个头比它大得多的微生物幽灵呢。2019 年年底爆发的新型冠状病毒疫情，着实让人们感受了一把它的威力。

地球上还没有生命的时候，生命女神就放出了病毒，让它和生命共成长。

但人类对病毒的认知，却只有短短的一百多年历史。

1876 年，德国农业化学家阿道夫·爱德华·麦尔赴荷兰担任瓦格宁根农业试验站主任。

那个地方有很多农民种植烟草，他们经常遇到一个问题：深绿色的烟草叶子经常会莫名其妙地出现浅绿色的斑纹，这让烟叶的产量和质量都受到了严重的影响。

烟草叶

麦尔决定揪出烟草疾病的凶手。他把这种烟草疾病命名为“烟草花叶病”。

是种子的原因吗?

应该不是。因为同一批种子种植在不同地方，有的得了病，有的却很健康。

那会是气温、光照的影响吗?

应该也不是。不同地区、不同时节的烟草都会得花叶病。

那可能是土壤的缘故吧，麦尔这么想。也许是因为土壤中缺少某种或某些元素，导致烟草营养不良。

可是，麦尔对健康烟叶、生病烟叶根茎周围的土壤成分进行了对比分析，却没有发现有什么不同。

1881 年夏季的一天，麦尔又一次不自觉地走到试验田边，他发现试验田里的烟草没有得花叶病，而附近农家种植的烟草却得了花叶病。这些田是挨着的，那土壤成分不可能有太大的差异。

也就是说，烟草花叶病不会是因为土壤营养不良造成的。

那会是什么呢?麦尔百思不得其解。

19 世纪时，正是细菌大发现的时代，人们知道很多动物的疾病都是由细菌造成的。那植物的疾病会不会也是由细菌造成的呢?

麦尔决定试一试。

他把患有花叶病的烟草叶子捣碎，从中提取出汁液，用玻

璃毛细管把汁液注入多株健康烟草的叶脉中。已经长出的叶子没有出现花叶病，但大约 10 天后，新长出来的嫩叶几乎都出现了花叶病症。

接下来，麦尔又把从患病的烟草叶子中提取出来的汁液加热。汁液被加热到 80℃后，再把这些汁液注入健康的叶子里，烟草却没有生病。

嗯，那可能是患病烟草叶子的汁液里含有可以传染花叶病的细菌，当把汁液加热到 80℃时，这些细菌就被杀死了。

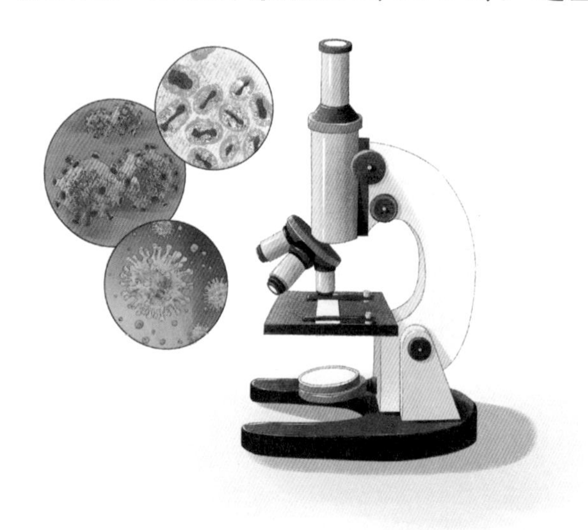

可是，即使用当时最先进的光学显微镜，麦尔也没观察到任何细菌。用培养皿培养后，也没有培养出任何可传染的烟草花叶病细菌。

这就奇怪了。

再换一种方式寻找。

麦尔给烟草接种各样细菌，他想碰碰运气，看是哪一种细菌感染了烟草。可是，没有哪种细菌能让烟草感染花叶病。然后，他又给健康烟草接种动物和人的粪肥，磨碎了的过期奶酪、腐败的豆制品……看看会不会像酵母一样，是真菌的作用。

可所有的努力都没能让麦尔找到烟草的致病原因。

后来，麦尔又把患病烟草叶子的汁液进行过滤。当使用单层滤纸过滤时，这些汁液仍然具有传染性。但使用双层滤纸过滤时，提取液就会变得透明，不再具有传染性了。

烟草花叶病绝对不是细菌所致，麦尔肯定地认为。因为即使是酵母这样微小的细菌也穿越不了滤纸，它们在第一次过滤时就会被滤除。也不可能是酶，因为酶之类的化学物质不仅不能自我繁殖，就算是使用多层滤纸也不会被滤掉。

哎，真是折磨人啊！

尽管没有找到致病细菌，麦尔还是认为，烟草花叶病的感染与细菌有关，患了花叶病的烟草叶子污染土壤后容易引起花叶病，不能把病变的烟叶放在烟田里。

后来，俄国的科学家伊万诺夫斯基重复麦尔的实验方法。他发现，使用两层滤纸对患有花叶病的烟草汁液过滤后，这汁液仍然具有传染性，和麦尔的实验结果不相符合。

伊万诺夫斯基

好吧，换一种更先进的过滤器，尚柏朗氏过滤器，它是用来生产无菌纯净水的。结果，

过滤的汁液照样具有传染性。

这就让伊万诺夫斯基相当纳闷了。

这只有两种可能：一是过滤器本身的质量问题，二是滤液中的汁液是细菌在过滤的过程中分泌出来的毒素。

伊万诺夫斯基如此猜想。

病毒就这么在他们两人的眼皮子底下溜走了。

生命女神遗憾地摇摇头。

接下来，荷兰微生物学家、植物学家马丁努斯·贝杰林克上场了。

1876 年，贝杰林克担任瓦格宁根农业学校的植物学教师。第二年，麦尔来到了瓦格宁根。从麦尔那里，贝杰林克知道了烟草花叶病，这也引起了他的兴趣。

1897 年，在代尔夫特理工学院担任细菌学教授后不久，贝杰林克也开始研究烟草花叶病。他也使用了尚柏朗氏过滤器，对患病的烟草叶子汁液过滤。结果和伊万诺夫斯基实验结果一样，过滤后的汁液仍然具有传染性。

尚柏朗氏过滤器使用陶瓷做滤芯，即使是非常微小的细菌也没办法通过。

该如何解释这种现象呢？

马丁努斯·贝杰林克

用最先进的光学显微镜无法看到细菌。而且，不管是有氧还是无氧，对滤液培养后，也找不到滤液中的任何细菌。对滤液进行大剂量的稀释后，还是不起作用，它仍然会感染健康烟草。

好顽固、好神秘的幽灵！

后来，贝杰林克又做了一系列的实验，虽然还是没有找到烟草叶子的致病菌，但贝杰林克从自己的实验中，推断这种病菌非常小，具有传染性，能通过细菌过滤器，能在生物体内增殖，但不能在体外生长。它是一种液体或者是可以溶解的，不是颗粒状存在的。他在自己的论文中，用“病毒”或“触染物”来表示这种致病的小东西，“病毒”这个词更常用，用来指代“传染性活流质”。

这可颠覆了人们的想象力：什么，病菌居然不是一种小小的颗粒，而是像水一样的流质？他们可不愿接受这种观点。那时，正是发现细菌的辉煌时代，细菌学说深入人心。

1882 年，科赫找到结核病的病原体结核分支杆菌后，同年，他的助手吕夫勒发现了类鼻疽杆菌。1884 年，吕夫勒又培养出了白喉杆菌。1897 年，吕夫勒与菲洛施合作，在德国柏林开始研究牛口蹄疫病原体。前面说过，贝杰林克也在这一年启动了烟草花叶病的研究。

牛口蹄疫是一种烈性传染病，得了病的牛口腔、乳房和蹄部会出现水泡、溃烂，小牛得病后，基本上就没救了。

吕夫勒和菲洛施发现，病牛的淋巴液通过细菌过滤器后，

还具有传染性。而且，这种病原体小到无法通过光学显微镜看到。即使通过高度稀释后，这些滤液仍然具有传染性。

看出来没有，是不是和烟草花叶病的病原体很相似呢？只不过，他们的看法不同。

吕夫勒长期在科赫身边工作，对科赫非常崇拜，他对科赫的细菌学说深信不疑。尽管牛口蹄疫的病原体能通过连最小的细菌都无法通过的过滤器，吕夫勒和菲洛施仍然认为，这是一种极其细小的微粒，仍然属于微生物，除体度外和细菌没有太大差异。

这种能通过过滤器的病原体究竟是“传染性活流质”还是“微生物”？后来的几十年里，学者们一直争论不休。

1932 年，电子显微镜出现，改进后的它可以把物体放大到 3 万倍。1939 年，德国科学家古斯塔夫·考什等人使用透射电子显微镜成功地观察到了烟草花叶病毒，它呈杆状，其直径大约为 18 纳米，长度为 300 纳米。考什等人还留下了它的电子照片。

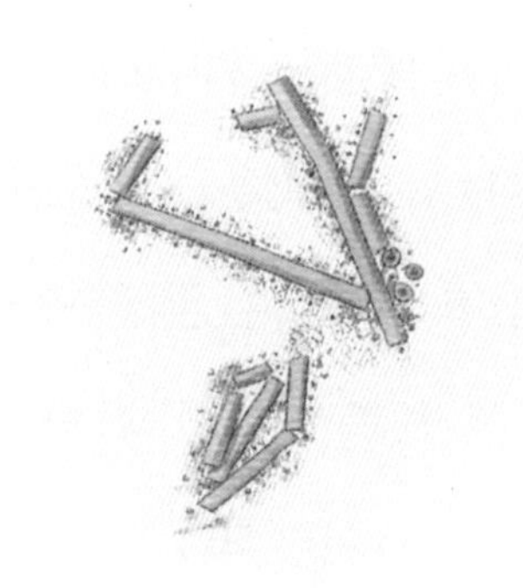

烟草花叶病毒

1941 年，斯坦利等人也使用电子显微镜对烟草花叶病毒晶体进行了观察，这两个团队的观察结果高度吻合。

终于，自贝杰林克于 1898 年使用“病毒”这个词指代滤过

性病原体以来，人们总算亲眼得见病毒这个幽灵的真面目，并确认它是含有RNA（核糖核酸）成分、具有传染性的核酸蛋白质复合体。

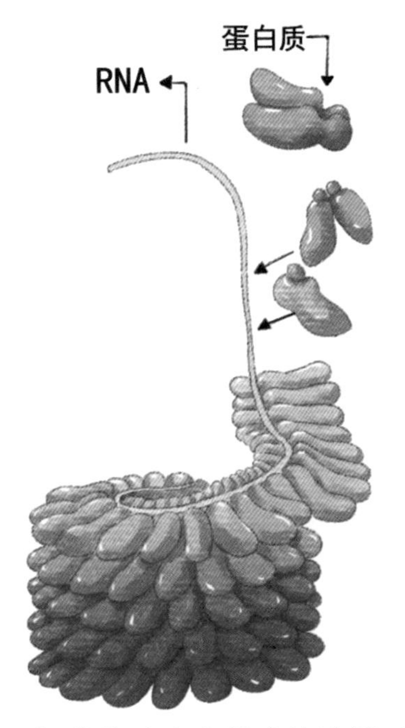

烟草花叶病毒模式构造图示

此后，许多病毒的照片不断被公布，人们看到了多姿多彩的病毒世界。

1960年，获得诺贝尔生理学或医学奖的英国免疫学家彼得·梅达沃这样描述病毒："一个包裹在蛋白质里的坏消息。"它的结构如此简单：一个蛋白质做成的外壳里包着一团主司遗传的物质——核酸。核酸就是那段"坏消息"，病毒就是靠它才能在宿主细胞里自我复制的。

不管是2019年开始的新型冠状病毒，还是"非典"病毒、流感病毒、天花病毒等，它们离开了生物就不能生存。

生命女神啊，你释放的这个小东西可真神奇！

故事广播站
科普小课堂
趣味测一测
百科小常识

三、人菌大战

1. 病菌猎人巴斯德

鼠疫、霍乱、天花、麻风、伤寒……封印解除，一个又一个的幽灵杀手飞出魔盒，祸乱世界。

一波又一波的瘟疫在地球上流行，卷起血雨腥风，人间变成地狱，哀鸿遍野。

生命女神啊，只管打开魔盒，不偏袒任何生命。在她看来，物竞天择是自然之道，生命只有在磨砺中才能获得进化。

人类怎甘于命运的摆布？与病菌的斗争永无休止！

在历史的长河中，无数人苦苦探求隐形杀手的踪迹，如猎人一般，必将这些杀手们除之而后快。

而路易斯·巴斯德，无疑是其中最优秀的猎人之一。

1822年12月27日，法国东部的多尔城，一个贫穷的家庭里，迎来了新的生命，他就是巴斯德。父亲是制革工人，母亲是劳工人家的女儿。

年轻时，巴斯德就立志成为一名化学家。求学期间，他把对生活的要求降到了最低，经常饿得胃痛，节约下来的钱用来做研究。不到30岁，他就成了有名的化学家。

法国葡萄酒美味醇厚，驰名世界。可在巴斯德的时代，葡

萄酒却有一个问题：放置不久后就会变酸，酸得让人倒牙，只能倒掉，这让酒商们很是苦恼。

1856 年，里尔一家酿酒厂的厂主请巴斯德帮忙，看看有什么办法能防止葡萄酒变酸。

巴斯德欣然领命。他把未变质的葡萄酒和变质的葡萄酒放在显微镜下观察，这一下还真看出问题来了。没有变质的葡萄酒液体中有一种圆球状的酵母细胞，而变酸的葡萄酒有一根根细棍似的乳酸杆菌。把乳酸杆菌注入正常的葡萄酒中，美味的葡萄酒就变成了酸葡萄酒。就这样，巴斯德揪出了葡萄酒变酸的“坏家伙”。

怎样消灭这些“坏家伙”呢？

好多细菌都怕高温。巴斯德想，能不能对葡萄酒加热，“煮死”乳酸杆菌，但又不伤害酵母细胞呢？他试着加热葡萄酒，经过多次试验，终于找到了一个简便的方法：把酒放在五六十摄氏度的环境里，保持半小时，就可以消灭酒里的乳酸杆菌，这就是著名的“巴斯德杀菌法”，又称低温灭菌法或巴氏消毒法。

巴氏消毒？不知你看到这个词有没有眼熟的感觉？对了，市场里买到的牛奶就是这样消毒的，牛奶盒上写着“巴氏消毒”。

巴斯德向酒厂老板建议，只要把酿好的葡萄酒放在接近50℃的温度下加热并密封，葡萄酒便不会变酸。为使老板们相信，巴斯德在厂里做起了实验：把几瓶葡萄酒分成两组，一组按他的方法加热，另一组不加热。几个月后，加热的酒仍然美味醇香，

而不加热的都坏掉了。

解决了葡萄酒的问题后，巴斯德声名大振。这不，法国南部的蚕农又向巴斯德求救了。

1865 年 7 月，巴斯德到了法国的养蚕重镇阿拉斯。

本该是白白胖胖的蚕，身上却长满棕黑的斑点，就像被撒了一身的胡椒粉，因此这种病也被法国人称为“胡椒病”。得了病的蚕，一般都熬不到结茧。即使结了茧，蚕蛾也会残缺不全，它们的后代也是病蚕。

路易斯·巴斯德

显微镜下，巴斯德发现，病蚕的体内有一种很小的、椭圆形的棕色微粒，正是这种微粒感染了蚕和桑叶。他把这种致病微粒刷在桑叶上，健康的蚕吃后，也立即染上“胡椒病”。这就证明“胡椒病”具有传染性。巴斯德还告诉蚕农，蚕的粪便也具有传染性，上层格子病蚕落下的粪便会传染下层格子里的健康蚕。

除了找到蚕“胡椒病”的病原体，巴斯德还发现了蚕的另一种疾病——细菌性软化病。这种细菌寄生在蚕的肠道里，使

整条蚕发黑，身体像气囊一样软，最后腐烂而死。

要消灭蚕的两种致命疾病，就得把被感染的蚕、蚕卵和被污染的桑叶都烧掉。只用健康蚕蛾的卵孵化蚕。

蚕农们采用了巴斯德的方法，果然防止了蚕病，法国的丝绸业得到拯救。

葡萄酒事件和病蚕事件让巴斯德认识到，传染病是由微生物引起的。微生物通过身体接触、飞沫散布，可以由病人传给健康的人。这种观点后来被很多医生的治病实践证实了。

巴斯德还想探索医学上的一个秘密：人和动物的疾病，是不是也有微生物参与呢？

当时的医学还很落后，外科手术中，死亡率高达 80% 以上，病人大多死于伤口化脓。有一个叫格兰的医生怀疑，伤口化脓是因为开刀的伤口暴露在微生物面前，而空气、纱布、器具、医生的手上，到处都是细菌。他就邀请巴斯德一起研究。巴斯德通过实验，证明传染症和化脓症的罪魁祸首正是微生物。他建议医生把外科手术器具放在火焰上烧灼，来杀死微生物。1865 年，英国外科医生约瑟夫·李斯特接受了巴斯德的建议，用石炭酸喷洒伤口、手术部位和手术器械以及手术室，施行消毒。在李斯特主办的医院里，手术病人的痊愈率是当时世界上外科医院中最高的，而术后死亡率最低。

越来越多的医生把巴氏消毒法用于手术器械、医生和病人衣物的消毒上，他们还发明了食盐水、碘酒、高锰酸钾等消毒剂，

用来对皮肤等消毒，阻断细菌病毒感染。

当时的产褥感染，是死亡率较高的疾病，原因就是手术中医生带菌的手和手术器械使产妇常常死于非命。采用巴氏消毒法后，产妇的死亡率大大降低。可是总有医生不以为然，照样用脏手接生。一个看过巴斯德宣传小册子的丈夫，在自己的妻子被医生的脏手夺去生命后，怒不可遏，指责医生是杀死自己妻子的凶手……

此时的巴斯德并没有就此止步。他进一步想到，要是能“策反”那些“夺命”的微生物幽灵，利用它们治疗疾病，该有多好啊！19世纪70年代，巴斯德开始研究炭疽病。和科赫一样，他也发现了炭疽杆菌，但他比科赫走得更远。

1876年和1877年，法国爆发了牛羊炭疽疫情，但人们对科赫提出的炭疽杆菌是炭疽病的病原体的观点并不认同。因为他们把疫情中死去的牛羊埋在地下了，仍然有牛羊不断感染炭疽病。

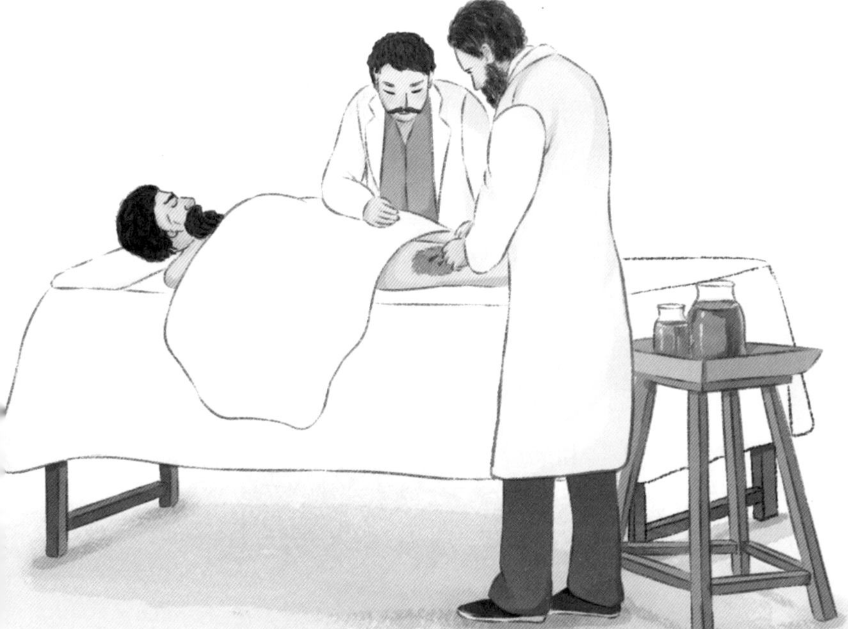

科赫曾指出，很多细菌有生长状态和芽孢两种存在形式，但科赫没有深入研

究它们的特性。

巴斯德就到农场去查看，他看见有些地方的土壤颜色和周围不一样，而是更黑一些。他蹲下来细看，发现这些深色的土壤是蚯蚓的排泄物。巴斯德这才恍然大悟。

在实验室，巴斯德发现，芽孢的生命力特强，沸水、冷冻、高浓度氧都不能杀死它们。环境恶劣时，它们会停止生长，就像动物冬眠一样。只要去到适合的环境，比如动物的肚子里，它们就会苏醒，重新发育成完整的细菌。那些被埋到地下的动物，也是蚯蚓的最爱。蚯蚓吃了这些带有炭疽杆菌的腐尸，它们倒没事，可炭疽杆菌随着它们的粪便又回到地面，牛羊只要到这儿吃草，就会被感染。不仅如此，芽孢还会随着空气到处飘散，被它撞上可就倒霉了。

尽管找到了炭疽病扩散的原因，可是该怎样去预防呢？

一时间，巴斯德也没有找到什么好办法。

在这期间，刚好又有人请他研究鸡霍乱。

巴斯德发现，鸡霍乱的致病病菌霍乱弧菌放置在空气中一段时间后，毒性似乎减弱了。把这些细菌注射进鸡体内，鸡不但没有死，还不会感染霍乱病。巴斯德就把这种暴露在空气后的减毒细菌叫作“疫苗”。

对付鸡霍乱的方法启发了巴斯德。他想：能不能像预防鸡霍乱一样，制成一种“疫苗”预防炭疽病呢？

他把炭疽杆菌的培养液暴露在空气中，希望这样的繁殖过

程能让它们的后代减毒，制成炭疽疫苗。可炭疽杆菌的毒性太强大了，巴斯德在不同时间、不同温度等情况下尝试，还是没有找到他理想中的炭疽疫苗。

后来，他用强氧化剂重铬酸钾处理炭疽杆菌，这次终于成功了。他给 14 只羊注射了经过处理的炭疽杆菌，之后再给它们注射没处理过的炭疽杆菌，结果这 14 只羊都有了免疫力，全部没有生病。

消息传出后，巴黎有名的兽医罗欣约尔觉得巴斯德的实验太荒唐了，就和他打赌：我出钱，给你一批羊，要是你的疫苗真的能让它们不生病，那我就服了。

赌就赌，谁怕谁呀？巴斯德欣然应战。

1881年，巴黎附近的一家农场里，全国各大报纸的记者都来了，他们要见证两大名人的赌约。

25只羊接种了巴斯德的疫苗，25只羊不接种。等巴斯德认为他的接种已完成后，就给50只羊同时注射炭疽杆菌的新鲜毒液。罗欣约尔的条件是：25只接种的羊一只都不能死，另外25只没有接种的羊全部都得死——这样才能证明注入的毒性够强。

结果呢？当然是巴斯德赢了。此后，巴斯德的名气更大了。

巴斯德真的是超级厉害的“病毒猎人”。

说起狂犬病，大家一定都不陌生。只要一被猫猫狗狗咬伤、抓伤，医生都会建议立即去打狂犬疫苗。因为如果得了狂犬病，将会无药可救。

在巴斯德的那个时代，狂犬病也是一种非常可怕的传染病，每年要夺走法国数以百计人的生命。没有疫苗，也没有免疫球蛋白，咋办呢？人们的做法比较野蛮：谁要是被动物咬伤了，就会被强制拖到铁匠铺，请铁匠用烧红的铁棍去烙烫伤口，以便烧死看不见的狂犬病毒。

这当然不是什么好办法，和放血疗法一样荒唐。

1881 年，巴斯德开始研究狂犬病。他和助手冒着危险采集狂犬的唾液，并将其注射到健康犬的脑中，健康犬很快得病死亡了。多次实验后，巴斯德推断狂犬病毒应该集中在动物的神经系统，他就从病死的兔子身上取出一小段脊髓，悬挂在无菌烧瓶“干燥”。

没有经过干燥的脊髓极为致命。把它研磨后和蒸馏水混合，再注入健康犬体中，那狗必死无疑。但经过干燥的脊髓在研磨后混合蒸馏水，再注入健康犬体中，狗却神奇地活了下来。

实验并没有结束。巴斯德把干燥的脊髓组织磨碎加水制成疫苗，注射进狗的身体。再让打过疫苗的狗，去接触致命的病毒。反复实验后，巴斯德发现，注射了疫苗的狗，即使再被注射狂犬病毒，也不会发病。

巴斯德非常激动：从此终于有了可以预防狂犬病的克星了！

1885 年，一位绝望的母亲把她的儿子梅斯特送到了巴斯德这里，请求他救救自己的孩子。因为梅斯特被疯狗咬伤了，已经过去了几天。巴斯德十分纠结：这可是人啊，要是失败了怎

么办？但如果不管，小男孩也会必死无疑。最后，他还是决定试一试。巴斯德给梅斯特注射了几次疫苗，每天晚上他都焦虑不安，怕出现什么问题。5 天、10 天，一个月过去了，梅斯特幸运地活了下来，回到了自己的家乡。

很快，狂犬病疫苗在全世界推广开来，成千上万被疯狗咬过的人从死神的手中挣脱。

生命女神对人类还是有怜悯之心的，巴斯德就是她赐给人类的神医。

长期超负荷的工作严重影响了巴斯德的健康。他两次中风，还患上了尿毒症。1895 年 9 月 28 日，这位优秀的病菌猎人与世长辞。

2. 中医战瘟疫

生命女神的魔盒里，有一幅画卷——那是从远古到现在，瘟疫在中国大地上横行的悲惨场景。

遥远的商朝，巫师就曾向上天卜问：商王得的是不是传染病？如果是的话，传染性大不大？

从秦王朝，经西汉、东汉、三国两晋，一直到后来的唐宋元明清，历朝历代，都有瘟疫流行。

东汉末年，中国历史上遭遇了非常罕见的瘟疫频发时期。从公元 119 年到 217 年，近百年就历经了十次大瘟疫。汉灵帝时期，更是连续发生五次大疫，家家都有人死亡，还有的全家死亡，无一幸免。十室九空，蒿草遍地。瘟疫流行和战争频繁导致人口锐减，东汉由鼎盛时期的 6000 余万人，下跌到 1000 多万人。在天灾人祸的双重夹击下，东汉灭亡了。

瘟疫的来源，有的说是北方的匈奴、鲜卑等民族，和汉军作战时，把腐烂的牛羊尸体放在水源里下毒，导致汉朝瘟疫的爆发。

真正的原因是什么，已不可考证。

快看，生命女神的画卷里，那又是什么？

啊，一只只小船逼近，船上的人把火投向连在一起的巨舰，火借风势，团团烈火焚烧着舰船，船上的士兵哭喊着四处逃命。被火烧着的，尽管不识水性，也只能跳下江水……对，这就是著名的赤壁之战。

赤壁之战使曹操损兵折将，但这还不是他真正失败的原因。《三国志》里面说："公至赤壁，与备战，不利。於是大疫，吏士多死者，乃引军还。"也就是说，曹军失败的真正原因，是军中发生了瘟疫。后世有专家考证，曹军中流行的瘟疫是血吸虫病。

赤壁之战的失败，使曹操统一全国的梦想变为泡影。

曹魏集团中著名的建安七子中有四人死于瘟疫，他们是徐干、陈琳、应玚、刘桢。

七子中的王粲为躲避瘟疫，逃离中原，他曾写下这样的诗句："出门无所见，白骨蔽平原。路有饥妇人，抱子弃草间。顾闻号泣声，挥涕独不还。未知身死处，何能两相完？"

南方的东吴，也没有逃脱瘟疫的毒手。四都督中的两个，

周瑜、吕蒙，都死于传染病，某种程度上也导致了东吴统一南方的失败。

那些上层人物都无法逃避瘟疫的毒掌，更别提穷苦的底层民众了。

中医治病，不像西医，要用仪器去寻找致病原因，他们大都是凭着长期积累的经验，用一些植物、矿物等配成不同的药方，来救治各类患者。

这就是中医中药的神奇之处。

神医华佗，传说曾为关云长刮骨疗伤，是他最早发明了止痛神药“麻沸散”。华佗不仅是位高明的外科医生，还擅长治疗各种传染性寄生虫病。他还发现了用青嫩茵陈蒿治疗流行性黄疸病的方法。

那又是谁？他正在为百姓把脉，开药方，督促仆人煎药。

啊，那正是医圣张仲景。

南阳张家是士族名家，有两百多人，却因为瘟疫竟然死了三分之二。面对家族和百姓的苦难，张仲景刻苦钻研医学，治病救人。经过几十年的研究与实践，写出了《伤寒论》，书中留下了大量治疗传染病和其他疾病的处方。比如治疗乙型脑炎的白虎汤，治疗肺炎的麻黄杏仁石膏甘草汤，治疗胆道蛔虫的乌梅丸，还有针刺、灸烙、吹耳等各种治疗手段。医方很多都是经过实践检验的可靠有效的验方，一直为中医所沿用。今天，日本的经方派仍然遵循张仲景的辨证施治医方，来治疗病毒性肝炎。

在张仲景之前，遇到瘟疫，人们常常束手无策，只能找专业驱鬼人来驱鬼，连唱带跳，加上人们看热闹，不但病没治好，反而因为人群聚集加速了瘟疫的传播。

有了张仲景的《伤寒论》，人们有了对付瘟疫的办法。

东晋时期，又出现了一位治疗传染病的大医师葛洪。

葛洪著有《肘后备急方》，记载了很多传染病，比如结核病、天花和恙虫病。其中有的是我国医学史上的首次记录，有的还是世界医学史上的最早记录。

十九世纪末，巴斯德制成了狂犬疫苗。但葛洪早就在这方面进行过尝试：把疯狗杀死，取出它的脑子，用来敷在被疯狗咬伤的病人伤口上。

葛洪还提出用青蒿来治疗寒热疟疾，屠呦呦的青蒿素提取的方法就是受到了葛洪药书的启发。

孙思邈

唐朝的孙思邈，被后人尊称为“药王”。约652年，他写成《千金方》一书，

书中留下了许多防治瘟疫的方子。他是第一个提出“防重于治”的医生，还是我国第一位麻风病专家。

此后，宋金元时代，中原一带也曾发生过大规模传染病，但都不如东汉末年严重。

仅次于东汉末年瘟疫规模的一次大瘟疫，发生在大明王朝。

从明成祖开始，国内就经常发生瘟疫。明末崇祯年间，瘟疫更加猖狂。崇祯掌权17年，大的瘟疫就发生过6次。1643年，北京、天津发生两次鼠疫，《明实录》里记载：“死亡枕藉，十室九空，甚至户丁尽绝，无人收敛者。”1644年，鼠疫在北京达到流行高峰，死亡率达百分之二三十，人心惶惶，京城防备松懈，李自成轻而易举地攻破城门，崇祯皇帝自尽，明朝灭亡。

明朝的李时珍，被后世尊为“药圣”。他首先发明了蒸汽消毒法来防治传染病。嘉靖二十四年（1545年），李时珍的家乡蕲（qí）州一带发生大水灾，河水倒灌，江河横流，淹没了方圆几十千米的房屋、大树。大水消退后，外出逃荒、讨饭的人陆续回到家园，由于抛尸荒野的饿殍（piǎo）无人收殓，加上腐烂的残枝败叶、淹死的牲畜在烈日的曝晒下卷起的腥风恶臭，回到家乡的人们还没喘过气来，瘟疫的脚步就紧跟着到来。那些置人于死命的微生物幽灵“拜访”了每一户人家、每一个村落，导致人丁凋零，村落死寂。

李时珍父子都是当地的名医，为消灭瘟疫四处奔波。李时珍在疫区采取了一套综合治病、防病的办法，制止了瘟疫的蔓

延。这一套方法是：用蒸笼蒸病人的衣物，用苍术熏烟避瘟，以兰草（泽兰）烧汤沐浴，将麻子仁、赤小豆置于井中驱邪，饮松叶酒、椒目酒除瘟病。采用这一套方法，蕲州城南15个村庄的瘟疫得到了控制。以后，李时珍父子将这些方法在全疫区推广，瘟疫传播的速度急骤下降，再配合其他医疗措施，终于消灭了瘟疫。这一套预防疾病的方法，也被记入李时珍的药物学巨著——《本草纲目》。在“瘟疫”词条下，收集了具有预防传染病流行的中草药达130多种，并制有煮沸消毒、汤浴除瘟、内服防病等多项措施。

吴又可，苏州人，明末清初传染病学家，被誉为“治温证千古第一人”。

瘟疫连年流行，“一巷百余家，无一家仅免；一门数十口，无一口仅存者”。医生们用张仲景的伤寒法治疗，但毫无效果。

吴又可

这让吴又可意识到张仲景的伤寒学说已无法应对新的瘟疫。根据自己的行医经验，他在 1642 年著成《温疫论》，里面收录了他创制的很多独特、行之有效的治疫方剂，强调温疫与伤寒完全不同。他的治疗理论一直被后世推崇，被推广应用到多次防疫斗争中。

非典时期，吴又可的成方“达原饮”就被卫生部推荐，作为中药方在各大药店煎熬，用来对付非典病毒。而他的辨证和用药也是现代广谱抗病毒中成药连花清瘟胶囊的重要支撑。

清朝也是瘟疫频发的朝代，鼠疫、霍乱、天花、麻风等不断登场。后来的医学家薛雪、叶桂、余霖、吴鞠通等，在吴又可治温病的基础上，进一步对传染病的防治制订了有效的药方。

民国时期，瘟疫占自然灾害的比例高达 25%，几乎每两年就有一次瘟疫。鼠疫、霍乱、猩红热，死亡达四五十万人。

1949 年以后，也经历了大大小小的瘟疫。中医在应对这些传染病中，发挥了重要作用。1960 年，中国病毒学之父顾方舟研制出脊髓灰质炎活疫苗，制成“糖丸”让小朋友服用，被称为“糖丸爷爷”。从此，这种传染病就在人们生活中消失了。

2002 年发生的非典肺炎和 2019 年底的新冠肺炎，这两次严重的急性呼吸道疾病，中医在其中也大展身手哦。

非典出现的时候，广州中医药大学第一附属医院共收治了 73 例非典病人。这个医院非常了不起，达到“三个零”：病人零转院、病人零死亡、医护人员零感染。这充分证明了中医治

疗非典的卓越疗效。

新冠肺炎的来临，曾让人们措手不及。早期没有特效药，更没有疫苗，咋办呢？除了西医，中医也在摸索。他们总结中医药治疗病毒性传染病规律和经验，深入发掘古代经典名方，结合临床实践，形成了中医药治疗新冠肺炎的诊疗方案和中西医结合的“中国方案”，筛选出金花清感颗粒、连花清瘟胶囊、血必净注射液和清肺排毒汤、化湿败毒方、宣肺败毒方等有明显疗效的“三药三方”为代表的一批有效方药。特别是连花清瘟胶囊，在治疗轻症、普通症患者中，有确切的疗效。

经过实践，中医研制的“清肺排毒汤”已成为治疗新冠肺炎的特效药，不仅轻型、普通型、重型新冠肺炎患者可以服用，而且在危重症患者的救治中也有效果。

在征服这些狡猾幽灵的战役中，中医中药可是功不可没哦！

3. 种“痘”记

天花病毒是个大魔头，几千年到处逞凶，人类深受其害。

天花最让人忌惮的是什么呢？

主要是天花的传染性和繁殖能力极强。一般病毒离开活体就会死亡，但天花病毒在病人去世几个月后，依然能够存活。

天花是从什么地方，在什么时候传入中国的呢？这个问题可不好回答。

有人说，天花是从西域传来的；也有人认为，天花是从印度传来的。据葛洪《肘后救卒方》记载，东汉时期，光武帝刘秀统治时，南阳反叛，刘秀就派马援将军去征讨。马援是很厉害的，他很快平定了南阳，俘虏了对方的一些士兵。可是这些俘虏中有人携带了一种病毒，不久就在军中传播开来。被感染的人头面部生疮，伴有白色的脓浆。这个病可是要人命的，大多数病人都会死亡。因为是从俘虏那儿传来的，人们就把这种病叫作

葛洪

虏疮。

从葛洪对病状的描述来看，其实虏疮就是天花。此后，天花就在中国定居了下来。唐宋时，天花发病人数逐渐增多，因为疮形似豌豆，人们就又称它为“豌豆疮”。北宋初，天花的名字被叫作“痘疮”，主要攻击对象是小孩子。能够从它的魔掌下逃脱的小孩，就有了免疫力，这一辈子都不会得天花了。

古时候，为对付天花，除了供奉痘神外，人们也想了很多办法。葛洪提供了两个办法：找一些好蜂蜜，涂在身上，把全身都抹上，或者用蜜去煮升麻，然后频繁地喝这种水；第二个办法是，水煮升麻，熬成比较浓的药液，用棉团蘸上药液涂抹疮面，或者用酒浸渍升麻涂抹，效果会更好，只是药性太猛烈，痛得让人受不了。

哎，看来葛洪的办法也不是太好。人们又想出以毒攻毒的方法，于是，人痘接种术就出现了。

人痘接种？没听说过。

原来就是采用人工的方法，

使被接种的人感染一次天花。

这多吓人啊，对于天花，躲都来不及，为什么还要人为感染一次呢？

最初的时候，的确危险。医师把天花病人身上结的痂，磨成粉，或者直接用天花病人的浆液塞入接种者的鼻孔中，让他感染轻微的天花来获得免疫力。这种痂或浆液，人们叫“时苗”。可时苗的毒性太大了，就算著名的医师，也不敢百分之百保证接种者的安全。

后来，人们发现，把痘疮痂放一段时间后，再用水稀释使用，它的毒性就会减弱，这样安全性就大大提高了。这种减毒后的疫苗，古人叫作“熟苗”，有人还以“种痘”为业，专门来养育“熟苗”。好的熟苗，价格高得出奇。

人痘接种是什么时候在中国出现的呢？有的学者认为是唐朝，有的认为是宋朝，不过证据都不太充分。可以肯定的是，明清时代，人痘接种术已经出现，而且技术还比较成熟。这在当时的医书上有着专门的记载。

人痘接种术的成功，让千千万万的人免除了天花的威胁和侵害。后来，其他国家还来学习呢。

1688 年，俄罗斯首先派人到中国学痘医，1744 年，中国医生李仁山把人痘接种术传到日本。后来，朝鲜也学到了人痘接种法。而经丝绸之路，人痘接种法更是传到了阿拉伯地区、土耳其，再后来又传到欧洲、美洲。

人痘术是人为造成轻微的天花感染，还是有一定风险的。不少医生仍然在寻找更安全有效的方法。

英国乡村医生爱德华·琴纳，原来是一位种人痘的医师。他发现挤牛奶的女工不会感染天花，因为这些女工得过“牛痘”。牛痘是发生在奶牛和其他牲畜身上的一种疾病，症状很像天花。牲畜发病的时候，身上也会长出很多充满脓液的水泡。挤奶女工手上沾了这些脓液，就会感染上牛痘。但感染了牛痘，并没有危险，只不过发几天低烧，长几个小水泡。康复后，对天花却有了终身免疫力。

1796 年 5 月 14 日，琴纳找到一个正患牛痘的女工，把她手臂上的水泡刺破，沾了一点儿脓液，然后用这根针划破一个没感染过天花的小男孩的皮肤。后来，发现这个小男孩果然获得了对天花的免疫力。

由于牛痘术比人痘术更简便安全，所以很快就在全世界推广开来，人痘术也就被淘汰了。

1977 年 10 月 26 日，全球最后一名天花患者被治愈。1980

年 5 月 8 日，世界卫生组织在肯尼亚首都内罗毕宣布：危害人类数千年的天花已经被彻底根除！

现在，世界上还留有少量天花病毒，它被囚禁在美国亚特兰大疾病控制中心和俄罗斯新西伯利亚的维克托国家病毒实验室中。这两家研究机构都在远离人群几百千米的荒郊野岭上，科学家们穿着加压的宇航服，与世隔绝，小心翼翼地看守和研究着这些混世魔王。

可是人们不放心啊，万一恐怖分子拿到天花病毒，把它制成生物武器，那就太可怕了。因此，要求消灭天花病毒的声音不绝于耳。但那些正在研究天花病毒，认为极有希望从中获得治疗其他顽症的科学家，又强烈要求暂缓对天花病毒执行死刑。世卫组织权衡再三，于 1984 年第一次判决，10 年后对天花病毒执行死刑。那时，天花病毒将被“五花大绑”，押赴刑场——一个全密封的高压消毒锅中，加温到 120℃，蒸煮 45 分钟，彻底杀灭。

为什么要对天花病毒的死刑缓期执行呢？这完全是为了给科学家留出研究的时间。天花病毒在囚室中惶惶不可终日，祈祷着科学家研究出成果，来救它们的小命。

1993 年，缓刑到期，天花病毒就要被执行死刑。科学家却宣称，他们发现天花病毒的许多基因是仿制人类的，特别是仿制人类免疫系统基因。它通过一系列伪人类基因，来躲避人类免疫大军的攻击。

根据天花病毒的这个特点，科学家们找出了某些令人困惑的怪病，比如类风湿性关节炎和病毒性心肌炎的病因，并开发出了治疗这些疾病的新药。

于是，天花病毒的死刑再次被推迟。1996年，世卫组织宣判，天花病毒将于1999年6月30日被销毁。

时间到了，美国和俄国却拒绝执行世卫组织的法令。因为科学家们发现，天花病毒基因里，很可能藏着人类制服白血病、艾滋病、埃博拉病毒的信息，这个宝贝可毁不得。

而且，那些埋在冻土层的天花病患者的遗体上也完全可能保存着天花病毒。既然大自然中的天花病毒可能存在，人类过早地销毁了实验室的天花病毒，就失去了研究它的条件，要是天花病毒卷土重来怎么办？

看来，反对销毁天花病毒和支持销毁它的理由都很充分，世卫组织能怎么办呢？他们只好把对天花病毒死刑的执行期再次推迟。

4. 疟疾拉锯战

翻开历史书，你会发现一个奇怪的现象：15 世纪，欧洲人发现了美洲，便立即踏上这个新大陆，开始了殖民统治。可是对于自己家门口的非洲，他们却在 19 世纪才展开殖民。

是非洲太贫穷？美洲也不比它好上多少啊。

生命女神的魔盒已经告诉了我们，真正的原因在于疟疾。是疟疾使欧洲的殖民者迟迟不敢踏上非洲的土地。

对付疟疾，古代的中国人还是使用中草药。他们把疟疾分成几种，针对不同的种类配制不同的药方。但疟疾这个魔头，它不像天花、麻风之类，得了一次就终身免疫，而是会反复发作：这次治好了，只要气候潮湿，适合疟蚊生存，下次照样会被感染。得几次疟疾，人的身体也就被拖垮了。

16 世纪时，欧洲殖民者踏上了美洲的土地。凭着先进的武器和天花病毒，他们几乎没费什么力气，就征服了印第安人，但是却遭遇了一个无形的劲敌——疟疾，这种热带湿热地区的“专利”。

1638 年，西班牙驻秘鲁总督的妻子安娜也染上了疟疾，吃什么药都不见效，眼看就要病死了。这时，当地一位印第安姑娘偷偷为她送去了药粉，安娜这才转危为安。

为什么要偷偷送呢？因为印第安人敌视欧洲殖民者，这些殖民者霸占了印第安人的土地，还任意掳掠他们。但只有安娜对当地人比较友好，这个女孩才偷偷地给她送药。

女孩送的是什么药呢？

这是一种用树皮磨成的粉，树的名字叫金鸡纳。

秘鲁的印第安人发现，美洲豹、狮子染上疟疾后，总是能奇迹般地自愈。他们跟踪这些野兽，看到它们患病后，会啃嚼金鸡纳树皮。当地的印第安人就用金鸡纳树皮泡水喝来治疗疟疾，金鸡纳树也就被当地人称为“生命之树”。

安娜的病被治好后，金鸡纳树皮在西班牙也就变得家喻户晓。

可是金鸡纳树并不是对付疟疾最好的药物。金鸡纳树对生长环境要求极高，不可能在欧洲普遍栽种。还有，金鸡纳树本身有着严重的副作用，用后人容易引发腹泻、哮喘、耳鸣、急性溶血，这些可能比疟疾还要致命。

后来，科学家们研究发现，不仅是树皮，金鸡纳树的树根、树枝、树干中，都含有多达 25 种以上的生物碱，尤其树皮中含量最丰富。这些生物碱中，70% 为奎宁。

1820 年，法国的两位药学家提纯出了金鸡纳树皮中的有效抗疟成分奎宁。有了抵抗疟疾的良药，欧洲人很快控制了整个非洲。

但奎宁也不是救治疟疾的最终好药，它会和金鸡纳树皮一样产生同样的副作用。

更要命的是，20 世纪 60 年代，疟原虫开始对奎宁产生抗药性，使得全球 2 亿多疟疾患者无药可治，死亡率急剧上升。

你也许还记得，2015 年，中国的科学家屠呦呦因为创制新型抗疟药青蒿素和双氢青蒿素，获得了 2015 年诺贝尔生理学或医学奖。

屠呦呦制青蒿素的灵感来自葛洪《肘后备急方》治疟疾的药方：“青蒿一握，以水二升渍，绞取汁，尽服之。”

如果说奎宁对疟疾是“狂轰乱炸”，好的坏的乱杀一通，青蒿素则是像导弹一样“精准狙击”，不但高效，而且没有奎宁剧烈的副作用。这一发现，为全人类找到了对抗疟疾的新武器。而青蒿素，也为长久以来受疟疾“死亡威胁”的非洲大陆带去了希望。

5. 青霉素的发明

对人们来说，青霉素这个名字太熟悉了。如果生病了，需要用抗生素，医生总会问：“对青霉素过不过敏？”

很多人都知道，青霉素是一种消炎药。那它为什么能消炎呢？生命女神的魔盒里，记录着一段青霉素的故事。

1914 年，第一次世界大战爆发，战争夺去了许多年轻士兵的生命。苏格兰微生物学家亚历山大·弗莱明是英国皇家陆军医疗队长，他发现，有些士兵不是被枪伤夺去了生命，而是因无法控制伤口感染而导致的败血症死亡的。

那时候，已经有了防治伤口感染的核黄素，可是效果不是很好。它往往只对表面细菌感染有效，而对伤口内部的感染却无能为力。

1928 年，弗莱明开始研究葡萄球菌。它是一种广泛存在的细菌，危害极其严重。大多数情况下，伤口感染化脓，就是这个小坏蛋在作怪。

实验室里，弗莱明整天忙忙碌碌，他用了各种药物去杀葡萄球菌，但这个幽灵太厉害了，那些药物都杀不死它。

算了算了，去度个假，回来再说。

一个月后，弗莱明回到实验室。

等一等，看那个葡萄球菌培养皿里，发生什么事啦？怎么会长出一团青色的霉菌？

奇怪的是，青色霉菌的周围，有一圈空白区域，原来生长在那里的葡萄球菌莫名其妙地消失了。

弗莱明的助手不以为然，这不就是葡萄球菌被污染了吗？把它扔掉就是。

不，那可不行。说不定这个青色霉菌就是葡萄球菌的克星呢。

弗莱明马上把培养皿里的液体涂在载玻片上，放在显微镜下观察。这一看，可不得了，青色霉菌周围的葡萄球菌真的没有了。

它对其他细菌有没有杀伤力呢？

激动的弗莱明立刻开始实验。他把青色霉菌转移到另一个培养皿上培养，然后把各种各样的细菌放到青色霉菌培养皿里。这些细菌比如肺炎球菌、白喉杆菌等，遇到青色霉菌，那就只有喊“救命”的份儿——打不过呀。

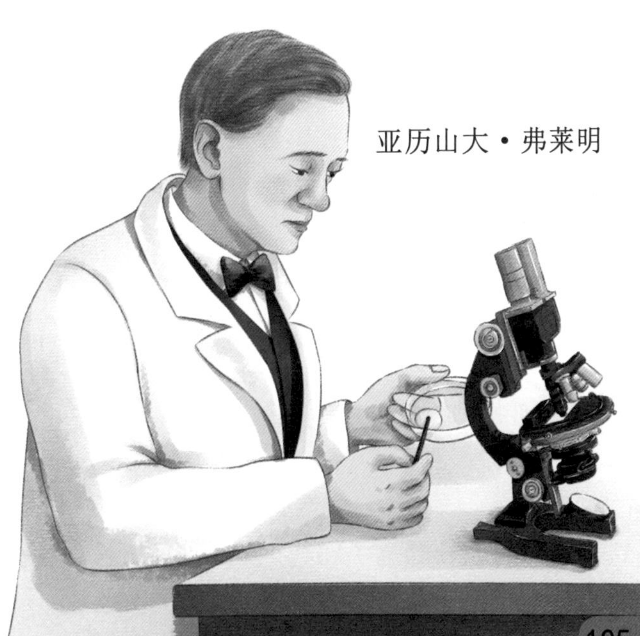

亚历山大·弗莱明

这些实验结果让弗莱明对这种霉菌更感兴趣

了。后来，他通过研究发现，产生抗菌作用的，不是霉菌本身，而是霉菌分泌的一种物质，弗莱明就把它命名为青霉素。

青霉素就这样在偶然之间被发现了。

其实，早在半个多世纪前，约翰·廷德尔就发现霉菌能够杀死细菌。1876 年，他在观察一块羊肉腐烂过程时，做下了这样的记录："在霉菌厚且连贯的地方，细菌都死掉了，亦或是进入了休眠状态。"19 世纪的其他一些科学家们，包括巴斯德、利斯特等人，都试图利用青霉菌来治疗感染的伤口，但由于操作难度太大，最后都不得不放弃了。青霉菌里有太多的杂质，是不能直接注入到人体内的。

找到青霉素后，弗莱明就想把它给提炼出来，用来杀死引起致人生病的细菌。但他试了好多方法，都不成功。这也难怪，因为他是微生物学家，又不是化学家。

弗莱明只好放弃了对青霉素治疗的研究，但他并没有放弃培养青霉菌。

后来，医生塞西尔·乔治·佩因向弗莱明要了一点儿青霉菌样品培养。他曾把青霉菌培养液滴进一个三个月大的、眼睛被淋球菌感染的婴儿眼内。几天后，婴儿的眼睛就完全好了。他还用这样的方法治愈了一位眼睛被石头碎片刺穿、眼球感染了肺炎球菌的矿工。

遗憾的是，1931 年 3 月底，佩因去伦敦研究产后热，没有再使用过青霉菌。青霉菌就这样错过了临床机会。

这后来一等，就是十年。

1939 年，英国牛津大学的科学家霍德华·华特·弗洛里和恩斯特·伯利斯·柴恩又开始了对青霉素的研究。几个月后，他们终于用冷冻干燥法提取了少量的粗制青霉素。他们给 8 只小鼠注射了链球菌，这种细菌会引起动物化脓性炎症。4 只注射了青霉素，4 只没注射。结果，注射了青霉素的 4 只小鼠活过来了，另外 4 只却死掉了。

1940 年 9 月，牛津警察局长阿尔伯特·亚历山大修剪自家花园的玫瑰花时，被刺扎伤了脸。这个不起眼小伤口却成了警察局长的噩梦，它很快让亚历山大的脸肿了起来，还蔓延到眼睛和头部。到医院后，病情仍然没有好转，还继续恶化，最后引起肺部和肩部脓肿。

弗洛里听说后，就跑去问亚历山大的医生，可不可以试试他最新提取出来的青霉素。征得亚历山大的家人同意后，医生就开始了试探性的治疗。

注射了几天的青霉素后，亚历山大开始好转。5 天后，青霉素没有了，亚历山大病情又一次复发，最终没能挽回性命。

但这个病例却让人们发现了青霉素的神奇力量。

那时正是二战时期，大量的伤员需要救治。在这样的背景下，青霉素的研究得到快速发展并很快实现了批量化生产，挽救了无数伤员和病人的性命。

人类从此进入了抗生素时代，许多抗生素被发明出来了。

自从有了抗生素，好多烈性传染病就没戏可唱了。现在，曾杀死过数千万人的超级烈性传染病鼠疫、霍乱等都得到了有效控制，那些被视为绝症的可怕慢性病，比如麻风、结核等，也有了特效药，治愈率都非常高。

可是，病菌才不甘于被消灭呢，它们也还在不断进化。那些侥幸逃脱抗生素追杀的恶魔，进化出“耐药因子”，不断变异，使抗生素失效。比如，治疗细菌性痢疾往往要同时使用四五种抗生素，那就是因为细菌变得更强大的缘故。

正所谓“道高一尺，魔高一丈”，人类与病菌的战争永无休止。

四、魔道之争

1. 追踪杀人流感

在生命女神的魔盒里，人们已经见识了西班牙流感的威力。

但还是有很多人不以为然，不就是感冒吗？有啥了不起的？

萌爷爷告诉你，可千万别小看流感哦，弄不好是要出人命的！萌爷爷可是亲身领教过它的厉害，到现在都还心有余悸呢。

1957～1958年，发生在亚洲的流感迅速在全球范围内蔓延，造成200万人死亡。全球受影响的人数占总人口的10%～30%，但死亡率较西班牙流感低，约为总人口的0.25%。

萌爷爷那时正在重庆南开中学读书，不幸中招。半夜，流鼻血不止，被送到一家医院急救，医生用很长的纱布填进鼻孔中，这才止住了血，侥幸活了下来。

1990年，北京冬季大流感，萌爷爷当时正在北京出差，一不小心又染上流感，回成都后发展成了心肌炎，心脏停跳了一分多钟，差点儿丢了命。还好，被医生急救过来了。

当流感病毒侵入人体的呼吸系统后，能够引起病毒性肺炎、继发细菌性肺炎、急性呼吸窘迫综合征、休克、弥漫性血管内凝血等多种威胁生命的严重并发症。

据世界卫生组织估计，现在每年流感季节性流行可导致65

万例人死亡，相当于每 48 秒就有 1 人因流感死亡。

流感的可怕之处在于，它总是处于不断变异中。假如今年得了流感，获得了一定的免疫力，但仍然可能逃不过明年的那场流感。

流感病毒的遗传物质是单链的核糖核酸（RNA），有两种蛋白质像大头针一样“扎”在流感病毒的蛋白质外壳上，一种叫作血凝素（HA），另一种叫作神经氨酸酶（NA）。这两“兄弟”负责让那些准备侵入细胞的病毒或者在细胞内复制、组装好的病毒能够顺利进出细胞。

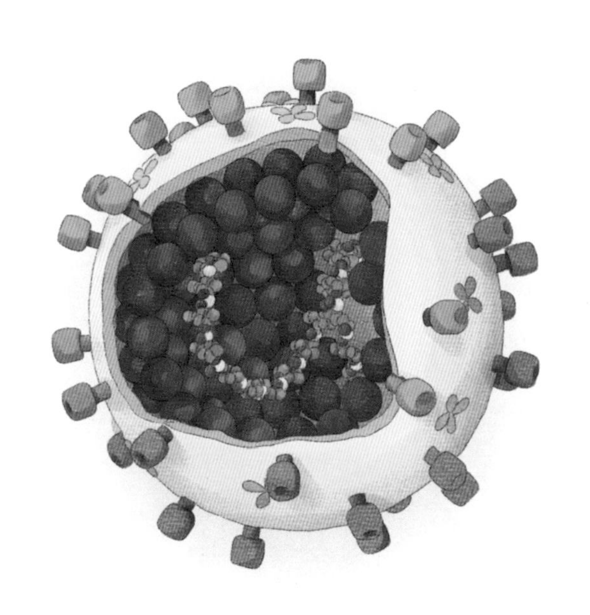

但人体内的免疫大军也不是吃素的，它们正虎视眈眈地紧盯着这两“兄弟”，随时准备歼灭它们呢。

要是指导 HA 和 NA 合成的流感病毒 RNA 变异了，HA 和 NA 就会“易容”，免疫大军不能识别改变了结构的 HA 和 NA，就会对它们“视而不见”。这下好了，流感病毒就会大肆进攻人体。等免疫大军反应过来，终于识别了新的 HA 和 NA，才会对它们发起攻击。不幸的是，下一次流感病毒的 HA 和 NA 很可能又会

让免疫大军无法识别。

到现在为止，科学家们已经发现了 15 种 HA 和 9 种 NA，科学家就是使用 HA 和 NA 来区别各种流感病毒身份的。

经过多年的研究，科学家们相继发现了甲、乙、丙共三种流感病毒，弄清了它们的遗传结构，制造了对付它们的疫苗。可是，对于那场悄无声息消失的西班牙流感，人们还是所知甚少，更没有防治它的疫苗。

好吓人，要是它再跑来祸害怎么办？

科学家也担心啊，所以他们启动了对西班牙流感凶手的追踪。

1950 年，美国组织考察队到阿拉斯加挖掘死于西班牙流感的尸体，希望永久冻土能保住病原体。但令人遗憾的是，那些尸体因为解冻而腐烂，失去了研究价值。

1997 年，美国军事病理研究所的病理学家杰夫瑞·陶本伯杰的研究小组终于找到了西班牙流感病毒的 RNA 片段。

陶本伯杰研究所里，保留着将近一个世纪以来病人的组织样本，里面有一些浸泡在福尔马林中的西班牙流感病人的肺组织。28 份样本中，只有一位 21 岁士兵的肺部样本完全符合当时西班牙流感的状况。

通过分析比较，陶本伯杰发现西班牙流感病毒和猪流感——也就是我们现在说的 H1N1 甲流有相似之处，要是归类的话，它应该是 H1N1 型。而此前，很多人更倾向于认同西班牙流感是一

种禽流感。

好吧，萌爷爷接下来就再说说猪流感和禽流感。

甲型流感病毒是一种RNA病毒，球形，在哺乳动物和鸟类中分布很广。猪、鸭和鸡均可能是杀人流感病毒的宿主，猪流感和鸡、鸭流感均可能传染给人。因此西班牙杀人流感病毒很可能来源于猪或某种鸟类。

猪患H1N1流感，症状并不重，猪并不会死亡；但人患猪流感，却会丧命，且死亡极快，死亡率极高！

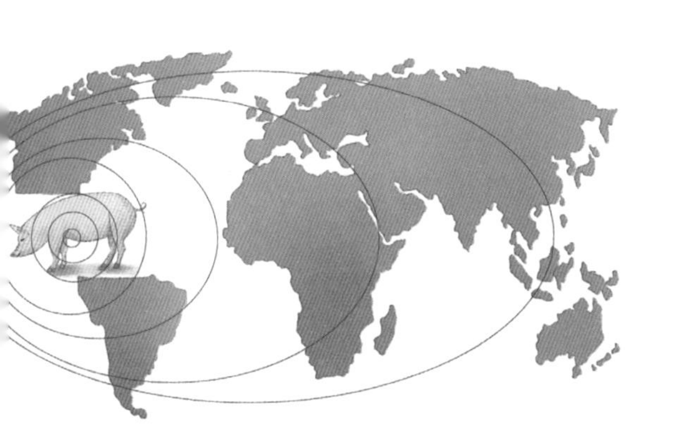

2001年，澳大利亚科学家马克·吉布斯把西班牙流感病毒中负责制造HA的基因与30种类似的猪流感、禽流感、人类流感病毒中的相同基因进行对比，他又发现了什么呢？

嘿，这事说起来挺有意思的：在这个基因的前部和后部是人类流感病毒的编码基因，而在基因的中段则是猪流感病毒的编码基因。

什么意思呢？

吉布斯说，西班牙流感能够在全球大流行，就是因为猪流感病毒的一段RNA“跳”到了人类流感病毒的RNA中了。

然而有的科学家对吉布斯的结论并不认可，说他的证据不

够充分。他们认为是人类流感病毒的HA基因和猪流感病毒的HA基因"混合"，是不是有点儿荒唐呢？

也许，要真正认识西班牙流感，还得测出病毒基因组的全部序列。一些科学家就想找到更多那场杀人流感遗存的尸体，找到更好的样本。英国伦敦玛丽王后医学院的约翰·奥克斯福德教授就打算这么做。伦敦的一位叫伯恩的女子死于当年那场杀人流感，时年20岁，她被安葬在一个灌满了酒精的密封铅制棺材中。奥克斯福德教授想采集伯恩的肺部样本，以便弄清西班牙流感的基因序列。

重新追踪调查西班牙流感病毒，还是比较危险的。要是一不小心，让它从实验室逃逸出来，不知又会死掉多少人。

其实，野生水禽才是感冒病毒的"基因仓库"，它们拥有全部15种HA基因和9种NA基因。猪既能感染水禽身上的流感病毒，也能感染人类的流感病毒。假如像吉布斯认为的那样，这两种病毒一组合，形成新的HA和NA流感病毒，人类可就难以预防啦。

远离野生动物，就远离了生命女神手中装载着各种流感病毒的魔盒！

听，生命女神在警告：千万不要打开它！

2. “美女”病毒

生命女神的魔盒里，一位小小的“美女”在探头探脑，它想干什么呢？

在放大上万倍的电子显微镜下，我们可以见到它：圆滚滚的头上，长着许多肉突，很像国王的王冠。

漂亮吧？

你一定知道了，这就是冠状病毒，正是它害得我们在2020年的春节前后不能出门，只能待在家里。

冠状病毒很小很小，仅由一个含有遗传信息的RNA分子构成，平均直径约100纳米，大约相当于一根头发丝直径的千分之二。但它的遗传物质是所有RNA病毒中最强大的，会感染人、鼠、猪、猫、犬、狼、

鸡、牛、禽类脊椎动物。

冠状病毒家族现在有七个姊妹，其中四个比较温和，只能引起普通感冒，而其他三个可不得了，是杀手级别的。

2002 年 12 月 15 日下午，一位名叫黄杏初的厨师高热、咳嗽、呼吸困难，被送到广东省河源市人民医院内科病区。两天后，医院再次收到一位症状相同的患者郭仕程。

这个病很怪，即使用了大剂量的抗生素，却毫无效果，医生们对此也束手无策。

正在医生们为这一特殊的病例寻找救治方案时，广东省境内又接连出现了相同的病例，不断有医务人员被感染。

最初的时候，人们并没把这种病放在心上，因为广东年年都有流感。后来，随着感染的人越来越多，病情的严重性超乎普通流感，这种病传染性强、致死率高，人们这才意识到：真是来者不善啊。

这一疾病引起的肺部感染与传统细菌引起的大片肺部感染不同，在中国大陆被称为非典型肺炎。在国外被称为“萨斯（英语：SARS）”，指严重急性呼吸综合征。

广州呼吸疾病研究所、中国工程院院士钟南山认为，要治好这个病，首先要搞清楚疾病的来源。不管是细菌还是病毒，它们都有很多种。只有找到真正的病原体，才能有针对性地控制疫情。

他从病人的身上取下病毒样本，交给自己专门搞动物病毒

研究的学生到香港地区去检测。

检测结果表明，“非典”的罪魁祸首是一种新型的冠状病毒，这和世界卫生组织的检测结果是一样的。

2003 年 4 月到 5 月，非典蔓延到全国，后来扩散至东南亚乃至全球，中国被世卫组织列为疫区。

这个新的“美女病毒”就这样肆无忌惮地跑出来了，人们是怎样和它作战的呢？

瞧一瞧生命女神的魔盒吧！

那是白衣天使啊，他们正在紧急奔向医院，治定抢救方案，打针、输液、插管……

中山大学附属第三医院传染病科副主任、主任医师邓练贤，因为连日抢救病人被感染，4 月 21 日殉职。

广东省中医院二沙岛分院急诊科护士长在长达两个月的时间里，从来没有离开过岗位，没回过一次家。3月24日殉职，年仅46岁。

72岁高龄的专家姜素椿，在抢救病人时感染了非典，用自己的身体做实验，探索有效的治疗方案，取得了奇迹般的效果。

这次疫情，有超过100名医护人员感染，其中35人殉职。

还有无数感人的事迹，让我们记住这些为抗击非典战斗甚至献出生命的人吧！

在中国政府的努力下，2003年6月4日，全国新增临床诊断首次出现零病例，“非典”疫情得到控制。2003年7月，世界卫生组织解除了中国大陆非典疫区的警报。“非典”在中国一共肆虐了187天，共计感染5328人，死亡349人。全球感染8273人，死亡775人。

虽然“非典”疫情得到了有效控制，但它会不会再来呢？这可难说。

让我们再次打开生命女神的魔盒，去看看是谁把它带到人间的呢？

世界卫生组织的专家认为，“非典”病毒与野生动物有很大关系。日本科学家通过对“非典”病毒进行基因分析，声称它是一种鸟类体内病毒的变异形式，是鸟类传给人的。

广东疾病控制中心、香港大学及农业部疫源调查组发布了调查结果：初步查明“非典”病毒很可能来自果子狸等野生动物。

后来的研究证明，果子狸只是“非典”病毒的中间宿主，真正的罪魁祸首是菊头蝙蝠。

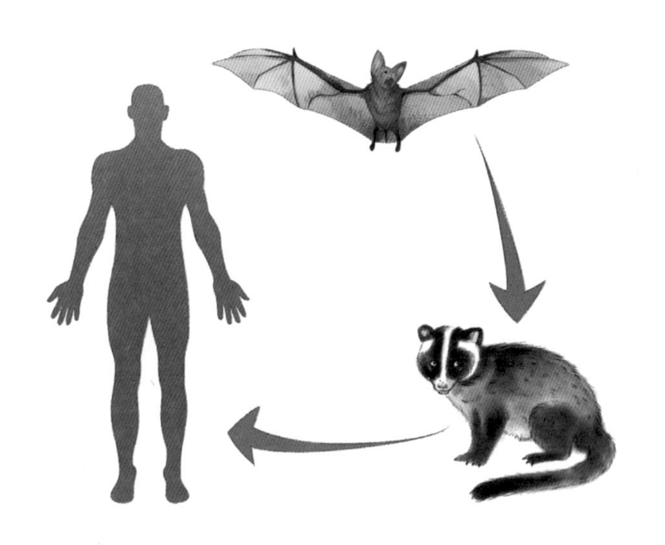

果子狸会捕食蝙蝠，病毒就从蝙蝠身上转移到了果子狸身上。果子狸捕食菊头蝙蝠是一种生活习性，它的身体早就对蝙蝠病毒有了免疫力，但人是没有免疫力的。人类捕捉、宰杀和食用果子狸，则有很大的概率被感染。

就在“非典”在人们的记忆里渐渐远去时，时隔 9 年，又一种新型的冠状病毒突袭人类。这一次，中东首先和这个“蛇蝎美女”迎头撞上。

2012 年 6 月 13 日，沙特阿拉伯吉达的一名 60 岁男子因为发烧、咳嗽气短入院。当时他已经发烧 7 天。11 天之后，他因为进展性呼吸和肾衰竭而死亡。患者所在医院病毒学实验室的阿里·扎基博士经过各种检测，发现男子的致死原因是一种从未见过的冠状病毒。

这种病毒最早被命名为类萨斯病毒，因为它和中国广东出现的“萨斯”病毒临床症状相似。虽同为冠状病毒成员，它们

的基因却有明确的差异，感染人体时使用的是不同的受体。后来，世界卫生组织把它命名为中东呼吸综合征冠状病毒，简称“醚蠕丝”（MERS）。

起初，这种疾病只在中东有零星的感染，并没有大规模流行，医生和疾控部门认为病毒的传染性很低，不会像“萨斯”那样形成密集感染。

2015年，一个韩国人到中东旅行，感染上了“醚蠕丝”病毒，回国后，他直接或间接导致186人被感染。到2019年11月，全世界有27个国家或地区发现感染者，病患人数达到2494例，死亡858例。“醚蠕丝”病毒导致的死亡率约为30%，远远高于萨斯病毒10%的死亡率。

那么，“醚蠕丝”病毒又来自哪里呢？

生命女神关上了她的魔盒，转过身去不愿回答。

让我们打开生命女神的魔盒，从缝隙里瞧一瞧吧。

许多患者都有接触过骆驼或是食用骆驼制品的经历。

看啊，科学家在检测中东和北非的骆驼时，发现它们中有相当一部分呈现抗“醚蠕丝”病毒血清阳性，说明这些骆驼都

曾感染过“醚蠕丝”病毒。2014 年，科学家从骆驼样品中分离出了“醚蠕丝”病毒，证实了这种感染的持续存在。骆驼感染的“醚蠕丝”病毒和从人的样品中分离出来的病毒高度同源，说明了骆驼是向人传播的一种中间宿主。

之前，中国科学家证实蝙蝠是“萨斯”病毒的来源。这次，科学家也试图在中东和北非的蝙蝠中寻找“醚蠕丝”病毒。2014 年，科学家在南非的一种蝙蝠粪便中检测到一种与人感染的“醚蠕丝”病毒高度同源的冠状病毒，这种病毒被认为是流行毒株的早期祖先株。

瞧，蝙蝠从生命女神的魔盒里飞了出来，飞向天空……

2019 年 12 月初，武汉华南海鲜市场的一位摊主，因发烧、咳嗽和胸闷到协和医院看病。此后的一个月，陆续有 40 多位类似症状的患者就诊。12 月底，武汉市卫健委发布“不明原因肺炎”的警告。

2020 年 1 月 7 日，不明肺炎的病原体被检测出来：又是小

小的“蛇蝎美人”冠状病毒在捣乱。不过，它是另外一种冠状病毒，和“萨斯”“醚蠕丝”不一样。所以，这次的疾病被称为新型冠状病毒肺炎，这是人类所知的第七种冠状病毒。

2020年1月20日，钟南山公开宣布新冠病毒肺炎“确定人传人”。而且，这次的病毒传染性极强，很容易大面积传播。

对付新型病毒，最有效的方式就是疫苗。可是疫苗从研究到投入使用，往往需要好几年呢。

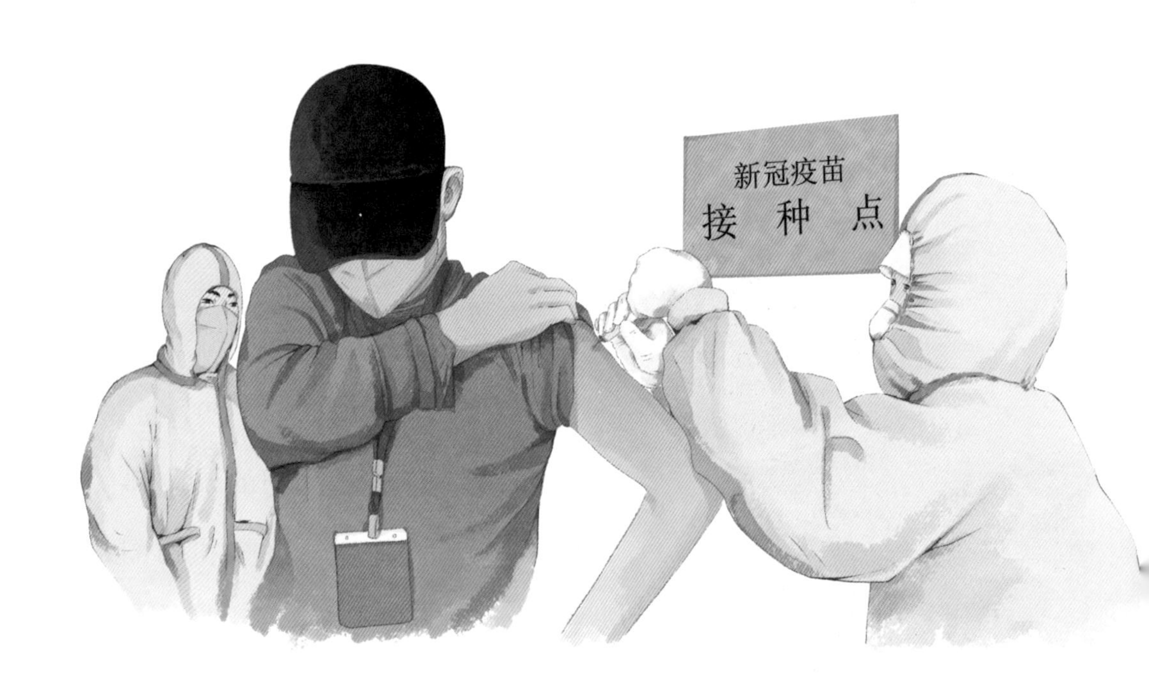

3.“病毒之王”蝙蝠

科学家从 200 多种蝙蝠身上，发现了超过 4100 多种病毒。埃博拉病毒、新冠病毒、尼帕、亨德拉、马尔堡这些近 50 年来出现的最致命病毒的携带者都是蝙蝠。

人类虽然不食用蝙蝠，但蝙蝠却会把病毒传给动物。

21 世纪三次杀手级别的“美女病毒”，全都是由接触、贩卖、宰杀、食用野生动物引起。

它们本来生活在野外，自由自在，和人类井水不犯河水，但人类却挤占了它们的家园，捕杀它们，和它们“亲密接触”。

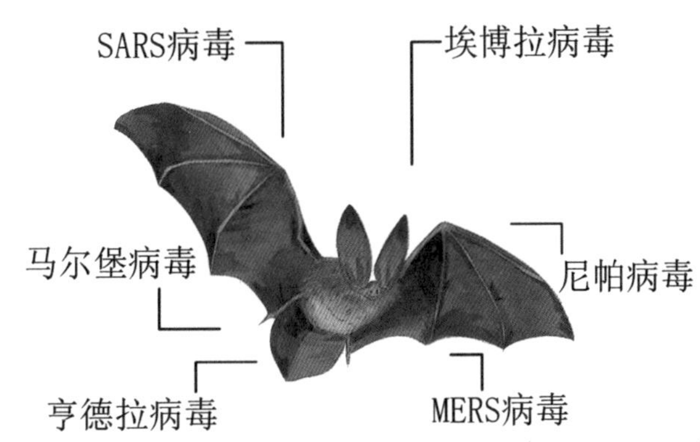

野生动物在艰难的野外生存环境中，已练就“百毒不侵”的武功，而人类却没有。

让我们再次打开生命女神的魔盒，去看看古老的穴居动物——蝙蝠，这大自然中的“病毒之王”。

蝙蝠数量巨大，除两极外，到处都是它们的栖息之地，即使在一些沙漠和孤立的岛屿上，也能发现其踪迹。

大多数蝙蝠是群居动物，一般栖息在树上和洞穴中。一个洞穴中，蝙蝠的数量能达到百万甚至千万。它们密密麻麻地紧挨在一起，倒挂在洞穴顶端。有些洞中的蝙蝠每平方米甚至能达到 3000 只，简直就是“病毒仓库”。

当人类遇到病毒，戴口罩、隔离，蝙蝠该咋办呢？挤得这么密，想隔离也隔离不了嘛。

适者生存，这是大自然的法则。每一次病毒来临，总会有扛不住的被淘汰。那些留下来的，就和病毒共生存，同成长。

人类靠先进的医疗手段生存下来，蝙蝠靠过硬的身体素质挺过来了。

是什么让蝙蝠如此优秀，能和病毒和谐相处？

蝙蝠是哺乳动物中的一朵奇葩，是唯一会飞的哺乳动物。

在空中飞行属于剧烈运动，要消耗更多的能量，而蝙蝠的新陈代谢速率远高于其他哺乳动物。能量的输出靠细胞和 DNA 的配合，超负荷的输出容易损伤细胞和 DNA。为了适应这种快速的新陈代谢，蝙蝠拥有了强大的细胞和 DNA 修复能力。它的细胞防御能力比一般哺乳动物更强大，病毒更难以入侵细胞。而强大的 DNA 修复能力又可以阻止病毒在它的细胞内进行遗传信息复制，抑制病毒繁殖。

蝙蝠不仅拥有鸟类的飞行技能，还演化出和鸟类相同的体

温，达到 38℃～41℃。人类为了杀死病毒，会自动调高体温，这就是“发烧”。而人家蝙蝠根本不用调节，一直处于“发烧”状态。病毒一进来，蒙圈了：怎么这么热呀？没办法干活儿了，偷下懒吧，老老实实待着就好。

那这么高的温度怎么会烧不死病毒呢？

那是因为蝙蝠的免疫系统很特殊。人类的免疫系统就好比是特种部队，病毒来一个杀一个。清理完病毒后，有时还会形成抗体。当这种病毒下次入侵时，人体免疫系统能够立即识别并消灭它。

蝙蝠的免疫系统却像懒汉似的，什么都懒得管，病毒进来就跟没看见似的：你爱待就待着呗，没事，反正我能扛。

仅仅靠这些，蝙蝠也称不上“毒王”，动物界谁不带点儿菌啊毒啊的。关键是，蝙蝠身上的病毒，只要放到人类世界，那可是招招致命。

为什么蝙蝠的病毒这么厉害？

大多数病毒就是遗传物质上穿上件“蛋白质”外套，没法自主代谢，也无法繁殖。它一生的最大目标就是侵入和利用宿主的细胞来自我复制。如果离开宿主细胞，它自己也就死掉了。

根据遗传物质，病毒可以分为DNA病毒和RNA病毒。DNA是双链，两链互相配对。就像一个单位有两个老板，细胞工作时，两个老板一起发布命令，可以互相校准，出错的概率比较小，不容易发生变异，所以一般来说一种DNA病毒只能针对一个物种来感染。

RNA病毒就不一样了，杀伤值爆满，蝙蝠携带的致命病毒就是它。

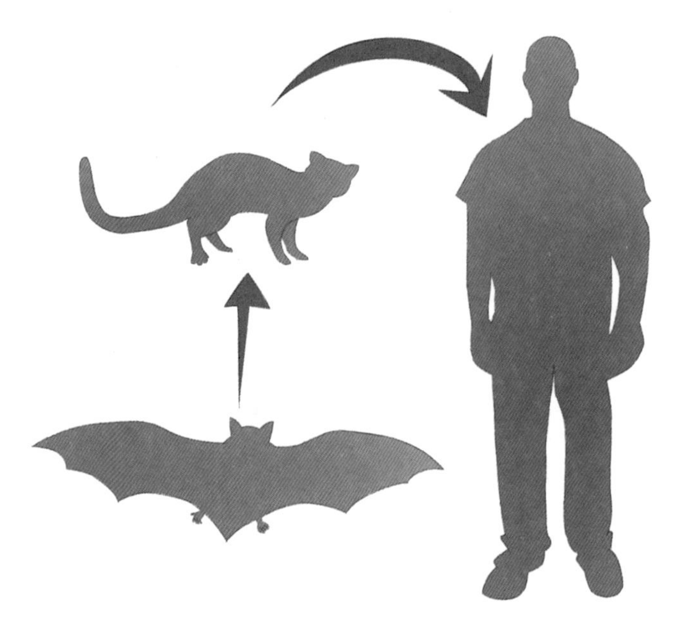

RNA是单链，就像一个霸道总裁，自己说了算，想咋干就咋干，结果就经常出错，复制着复制着，就变异了。

在蝙蝠体内，RNA病毒武功级别低，没法自我繁殖，好不容易跑到果子狸之类的野生动物身上，才开始大规模繁殖，然后就发生变异，最后变异出可以入侵人体的病毒。在人体内，它们更加疯狂地繁殖起来。而人呢，比野生动物的抗病毒能力差多了。

蝙蝠这么可怕，是不是人类就该把它们消灭掉呢？

蝙蝠有那么多，人类根本无法让它们灭绝。何况，蝙蝠还

是“毒王”，稍有不慎，就容易被感染。如果人类去扑杀蝙蝠，反而会促进病毒的传播。

而且，蝙蝠也是生态系统的重要一环。其多数种类是夜行性昆虫的主要捕食者，有些种类还是植物的授粉者、种子的传播者，又是森林生态系统的重建，以及食物链、食物网不可或缺的部分。

而且，蝙蝠从未想过要祸害人类。

大多数蝙蝠选择夜行模式。栖息时，也选择在山洞中生活，远离人群。即使生活在人类的聚居地，它们也是待在屋檐、墙角等阴暗地方，从来不会去打扰人的生活。

但许多生物的生活场所和蝙蝠是重叠的，有很大的机会和蝙蝠接触。或是接触了蝙蝠未消化的食物，或是接触了蝙蝠的排泄物，还有的是遭遇了蝙蝠的叮咬，何况有的野生动物本来就以捕食蝙蝠维持生命。

如果人类不去无节制地侵占野生动物的栖息地，不去捕杀和食用它们，蝙蝠身上携带的病毒又怎会传到人类世界呢？

4. 最有耐心的病毒

如果一个国家的军队被瓦解，后果会怎样？

那还能怎样？只能任由各路敌人长驱直入呀！

20 世纪，生命女神的魔盒里，飞出了一个最厉害的幽灵杀手——艾滋病病毒。

这个病毒的厉害之处在于，它专攻击人体的防御部队——免疫细胞，而不去攻击其他细胞。从 1981 年首例艾滋病被诊断以来，全球已超过 2000 万人死于艾滋病。

1980 年，圣诞节前，美国即将敲响新年的钟声。这天，加利福尼亚大学洛杉矶分校的迈克尔·戈特利布教授，在分校附属医院里发现了一个奇怪的病人。他的食道上端长满了鹅口疮，喉头布满了白色病变，呼吸困难，白细胞极低，免疫大军中的重要方面军 T 淋巴细胞几乎等于零。

很快，这个病人因为并发卡氏肺囊虫肺炎而死亡。

之后，戈特利布教授又发现了 4 例类似的病例。这 5 个病例有个共同点：男同性恋者。教授把这个发现报告了亚特兰大的疾病控制中心。

1981 年 6 月 5 日，亚特兰大疾病控制中心向全世界发出警

报，宣布一个危险的新微生物幽灵杀手来到人间，说："肺囊虫肺炎在美国本来只发生在抵抗力严重受到抑制的病人。下面报道的 5 例身体向来健康而没有任何免疫功能低下的症候，发生这种疾病是很不寻常的，这使人想到这种病或许与同性恋的生活方式有关，或者其传染经由性传播。"

后来，人们发现，因为免疫功能低下而死亡的病人，不仅是死亡于卡氏肺囊虫肺炎，而且死于各种各样的怪病，如卡波济肉瘤、隐球菌感染、弓形虫、隐孢子虫感染和巨噬细胞病毒感染等。这些疾病在普通人身上发生，并不一定致命，但对于这些免疫功能极其低下的人，却难逃一死。

人们还发现，这些免疫功能低下的人，存在于各种人群中。

亚特兰大疾病控制中心的科学家提出了一个假想：有一未知的病原体通过血液进行传播。

1982 年 9 月 24 日，他们将这种疾病定名为获得性免疫缺陷综合征，简称 AIDS，中文译为艾滋病。

这种病的可怕之处在什么地方呢？

当这种病毒感染人体后，主要破坏人体的免疫功能，使得人体白细胞的数量减少，功能减弱，这样人体抵制外来病原微生物的能力就下降了。

即使是拉肚子、上呼吸道传染等这些很微小的疾病，放在艾滋病病人身上，也许就成了生死攸关的大事。即使给予治疗，效果也不好。

就像开头说的，一个国家的军队被瓦解后，就只能任由别人欺负了。

面对突如其来的艾滋病，人类并没有惊慌失措，而是努力寻找着对付艾滋病的方法。

艾滋病杀手长得什么样？是病毒还是细菌？

让我们打开生命女神的魔盒，去寻找它的踪迹。如果它是病毒，就会首先侵入人体淋巴细胞，在那里安营扎寨，批量生产。可是，在病人的淋巴细胞里，却找不到病毒。

如果它的病原体是细菌，靠现代技术手段很容易发现，可是，并没有人能够找出导致艾滋病的细菌。

法国巴斯德研究院的病毒学家吕克·蒙塔尼耶和弗朗索瓦丝·西诺西深信，艾滋病杀手是一种病毒。只是这种病毒太特殊了，现行的检测手段还跟不上。他们不断改变实验方法，采用更先进的技术手段，坚持从病人身上取材做病毒实验。

一次，他们从一位早期艾滋病患者身上取了淋巴结，切碎后放入培养箱培养，指望隐藏在淋巴结内的病毒能随淋巴细胞一起繁殖，使病毒现出“原形”。

可是，两个星期过去了，培养物一点儿动静也没有。就在他们开始绝望，打算放弃的第 15 天，发现检测仪发生了微小的异动，这种异动是病毒出现的迹象。

培养物被交给一位叫查理·多盖的电子显微镜摄影师。当他将培养物放大到一万倍以至数万倍时，仍没能看到病毒的身

影。多盖没有放弃，依然耐心地将培养物从几万倍逐渐放大到十万倍，仔细搜索样品，最后终于发现了艾滋病病毒。

一般病毒入侵人体后，为了杀死这些病毒，淋巴细胞就会投入兵力，疯狂繁殖。但艾滋病病毒非常狡猾，它不会刺激淋巴细胞，反而会造成大量淋巴细胞死亡。这就是难以缉拿艾滋病病毒的原因。

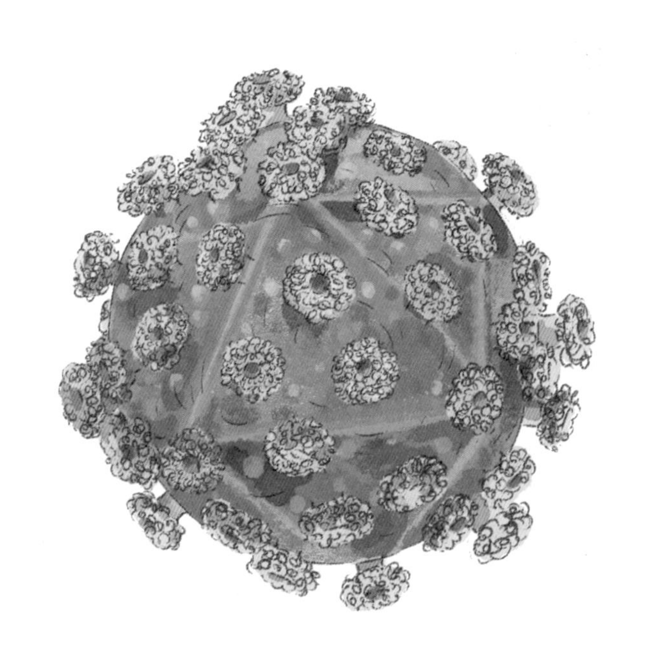

在生命女神的魔盒里，我们可以看见，艾滋病杀手是一种单链 RNA 病毒，一个圆球上面长了很多突起，就像刺毛虫卷成一团，看了令人毛骨悚然。

这种病毒有两大兵团，即 HIV-1 型和 HIV-2 型兵团。这些病毒通过各种途径进入人体后便潜伏起来，在 2~10 年中，因某种因素激活，使人体患病。看看，这是不是最有耐心的病毒？

那么，这突然冒出来的幽灵杀手是从哪儿来的呢？

最初，美国和苏联互相指责，都怀疑是对方制造的生化武器，不小心从实验室逃跑出来，但双方却又拿不出可靠的证据。

1985 年，美国哈佛大学的病毒学家埃塞克斯博士检测了 67

只非洲猴，发现其中 40% 感染过艾滋病毒。他提出，艾滋病毒起源于非洲，是由猴传给人类的。

2000 年 2 月，美国的研究人员用计算机做模拟试验，推算出在 1930 年前后，人类从猿或猴子身上感染了艾滋病毒。

而这一时间，恰好发生了人类大规模屠杀猩猩的事件，人类很可能是在屠杀猩猩时被传染上艾滋病毒的。

生命女神能说什么呢？

潘多拉盒子在她手里，但打开它的，其实是人类自己。

虽然在 1981 年才确诊第一例艾滋病病人，但用基因检测方法重新鉴定一些可疑病例，将人类患艾滋病的时间提前到了 1896 年至 1905 年间。

从找出艾滋病的元凶开始，人们就在研究对付它的药品和疫苗。遗憾的是，完全无药可根治。现有的药物只能控制病毒保持低水平，不让它进一步发展。而针对这种病毒的疫苗，很难研制。

人如果感染了某种病原微生物，身体的免疫系统会生产一种叫“抗体”的物质，抗体能精准消灭这种病原微生物。

但艾滋病病毒极为“聪明”，它每完成一个复制周期，就会发生微小的变异，形成新的病毒。当这些新病毒再次感染细胞时，身体才会产生抗体。我们的免疫功能只能被动地防御，没法主动进攻，这也是难以研制疫苗的原因。

尽管艾滋病很可怕，但科学家发现，它主要有性传播、血液传播和母婴传播三种方式。只要保持正确的生活方式，艾滋病一般不会降临到人们身上。

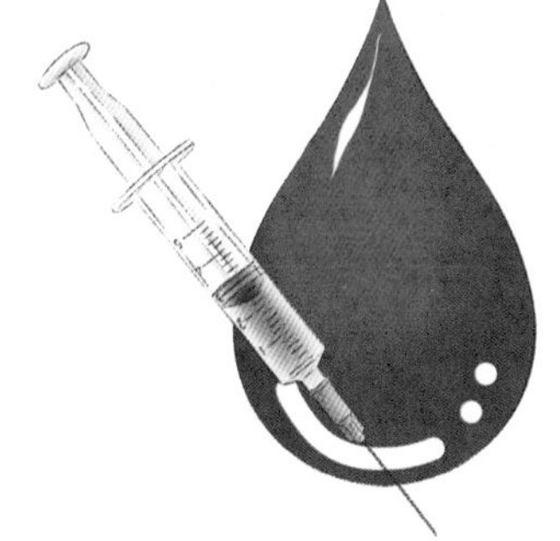

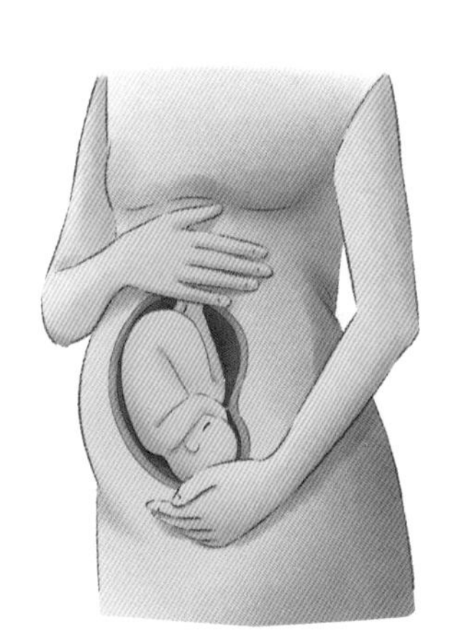

5. 意想不到的元凶

不知你发现没有，有些人的手会控制不住地颤动，行动也比较迟缓。这是因为他们患了帕金森病。

你听说过拳王阿里吗？他一生击败了无数对手，可是却无法对抗帕金森病，被他称之为“一生中最艰难的拳击赛”。

而文学巨匠巴金晚年时，也只能任由帕金森夺走他书写创作的权利。

200 多年前，英国一位外科医生詹姆斯·帕金森发表了一篇关于《震颤麻痹病》的论文，60 年后，为了纪念他，这种疾病被命名为“帕金森病”。

患了这种病的人手脚为什么不受控制呢？科学家研究发现，这是因为患者大脑中黑质致密部的多巴胺神经元的缺失，缺失到 60% ～ 80% 以上时，身体就会发生震颤现象，是一种神经性的退行性病变。

既然是大脑发生的疾病，那就着眼于大脑的治疗吧。200 多年来，科学家们一直都在朝着这个方向努力。他们发明可以激活脑中神经元的药物，尝试更大胆的疗法——用电场来刺激大脑。

2003 年，德国法兰克福大学的海科 · 布拉克教授提出：帕金森病的源头不一定只是在大脑，它还存在于肠道里。

这就奇怪了，大脑里的疾病居然会在肠道里发生？这不是说，200 多年来人们的研究都跑偏了吗？

毫无疑问，布拉克教授的观点受到无情抨击和嘲笑。教授给出这个结论的依据是：疾病初期，患者消化系统出现了问题。可是，他又没能找出更多证据来佐证他的观点。

但有一个人却毫不怀疑，力挺布拉克教授的观点。

2017 年 12 月 1 日，美国加州理工学院的微生物学专家萨克斯 • 马兹曼尼安教授在国际顶级期刊《细胞》杂志上发表了一篇文章，里面提到："研究表明，帕金森的起源可能不仅仅是在大脑中，在肠道中也有一部分。"

等等，让人感到还是有点儿懵。

现在，就和萌爷爷一起去追根究底吧。

人的大脑里，如果 α - 突触核蛋白堆积过多，就会导致多巴胺神经元死亡。多巴胺神经元少了，调控运动、情绪等功能的关键神经递质——多巴胺的分泌就会减少。这时，帕金森症状就慢慢出现了，病人的肌肉渐渐变得僵硬，手会不由

萨克斯 • 马兹曼尼安

自主地抖动，行动也变得迟缓。

医生们该怎么办呢？多巴胺缺失，那就提高大脑中多巴胺水平吧。可是，这好比身体失去了造血功能，完全靠外界来输入，怎么能行呢？随着时间的延续，就会导致其他免疫和代谢功能的紊乱，药物副作用越来越明显，而疗效也越来越弱。

除了大脑中的多巴胺神经元，人体中还有 50% 的多巴胺是

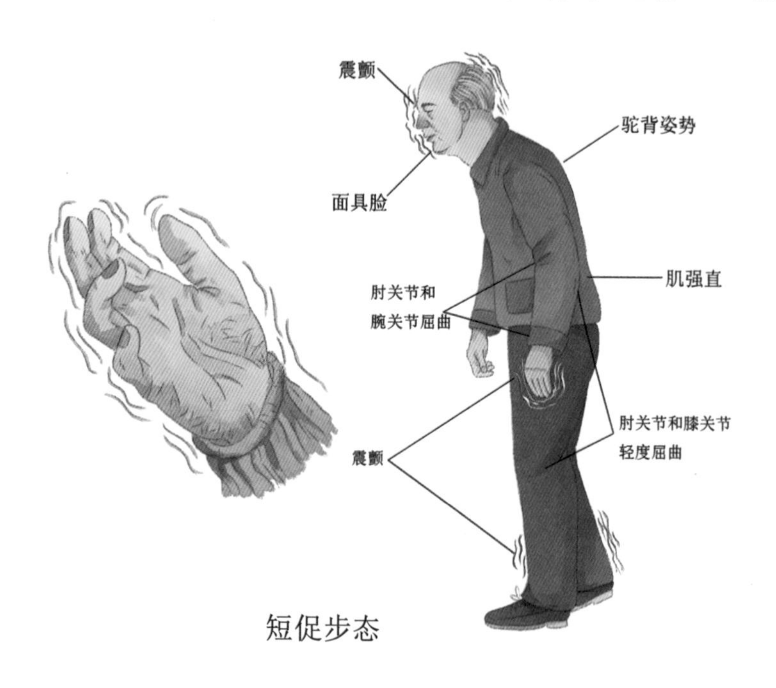

短促步态

由肠道产生的。研究人员就想，布拉克教授的观点也不无道理。他们接着就把研究目光从大脑转向了肠道。这一思路的转变，还真发现了问题：原来，帕金森患者的肠道微生物组成发生了改变。

也许，正是肠道微生物这群幽灵导致了帕金森病的发生。

看呀，小鼠上场了。

一组小鼠的肠道菌群正常，一组小鼠的肠道处于无菌状态。

现在，让它们大脑里的 α-突触核蛋白过表达。也就是说，这群小鼠的 α-突触核蛋白表达量高于常规量。

当过了一段时间后，肠道菌群正常的小鼠的 α-突触核蛋白开始堆积，大脑开始受伤。结果会像帕金森病人一样不能控制自己肢体的行动，还频频出现碰撞和摔跤。

哦，可怜的小鼠！

而无菌的小鼠呢，尽管 α-突触核蛋白很“高产”，可是大脑中却没有 α-突触核蛋白的堆积。它们轻松自如地从两根柱子间穿过，迅速爬上竿子，还能用爪子蹭掉鼻子上涂抹的胶水。

又有两组小鼠登场了。

同样的，一组是肠道菌群正常的小鼠，另一组是无菌小鼠。

看，它们正在欢快地吃东西呢。

一天，两天……

不好，这些小鼠怎么了？它们为什么都出现了帕金森患者的症状？

是食物的原因吗？

你没猜错。科学家给两组小鼠都在食物里加入了短链脂肪酸，它们是肠道微生物的代谢产物，是肠道微生物产生的一些化学物质在起恶化作用。

第三批小鼠来了，同样被分为两组。它们大脑中的 α-突触核蛋白都过表达，但都处于肠道无菌的状态。

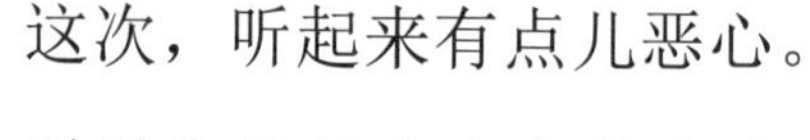

这次，听起来有点儿恶心。

科学家从健康人和帕金森病人的粪便中，分解出微生物，移植给两组小鼠。虽然小鼠最终都有帕金森症状，但移植帕金森肠道微生物的小鼠症状比移植健康人肠道微生物要严重得多。

所以，马斯马尼教授认为，帕金森患者的肠道中存在某些特定种类的细菌，它们和 α－突触核蛋白联合起来，“制造”了帕金森病。

看来，肠道微生物也许就是人们意想不到的“元凶”之一吧？

至于是哪些肠道微生物“幽灵”作祟，科学家们还在做进一步的研究和分析。

在不远的未来，如果有了对抗致病“幽灵”的药物，帕金森病就再也不会有“不死癌症”的称号了。

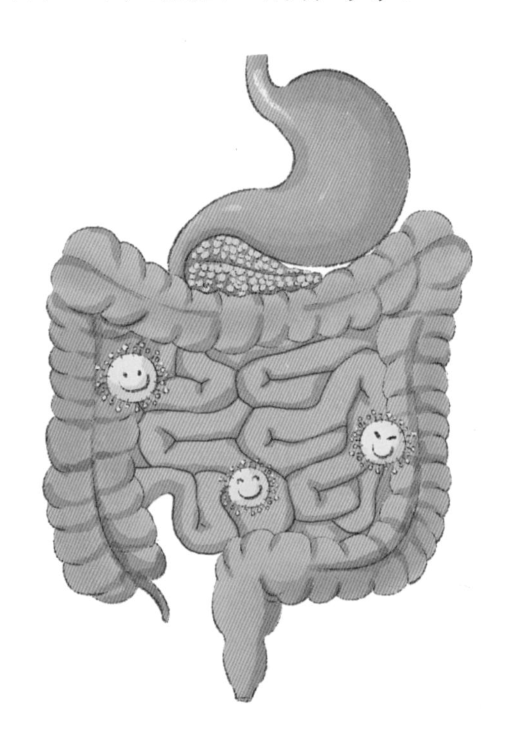

五、生命女神的魔术

1. 少女踩曲出茅台

生命女神的魔盒里，不只有杀手，还有可爱的微生物幽灵呢。

你看，我们体内的细菌如果捣乱，吃点儿抗生素，就好了。粮食、水果，经过微生物发酵，居然成了醉人的美酒，神不神奇？豆腐、牛奶之类的食物，生命女神的微生物一参与，就会变成豆腐乳、酸奶等美味。还有，如果不是我们肠道内有一个微生物群落帮助消化食物，我们不被食物撑死才怪呢！

看，生命女神拿出魔盒，变起了魔术。

今天，萌爷爷就来讲讲酒中微生物幽灵的故事，看看生命女神是怎样利用微生物幽灵大变魔术的。

你听说过茅台吗？那可是中国的国酒，驰名中外，常常出现在国宴上，用来招待贵宾。

茅台酒为什么能在那么多的白酒中脱颖而出，独占鳌头？

你可知道，茅台酒酿造过程中，有一个奇怪的环节，那就是在制曲的过程中，少女要用光脚丫子去踩。

在茅台酒的八百年生产过程中，少女踩曲都是一个不可或缺的工艺过程。

你会说，我不信，这个奇怪的环节真的不可缺少吗？凭什

么呀！

别说你不信，茅台酒厂的工程师也不信。也许，这是个古传的故弄玄虚的迷信而已。自从茅台酒用先进工艺大规模生产以后，许多落后工艺都被慢慢淘汰，人们也试图淘汰这一工艺。

奇怪的是，没有了少女踩曲这一工艺，酒的质量就是要差那么一点点，于是，至今生产规模已达每年两三万吨的茅台酒，仍然保留了少女踩曲的工艺。

茅台酒为什么坚持用人工踩曲，并且只要少女来踩呢？

和萌爷爷一起来猜猜吧。

曲是什么呢？啊，这个曲可不是唱歌的曲调。它是酒曲！

就像做馒头做包子一样，要在面里加上发酵过的老面，这老面也叫曲子。如果把这个老面放到显微镜下看看，你会发现里面有很多勤劳工作的小家伙——微生物，正是它们的作用，让干巴巴的面变得饱胀、疏松、有弹性。

酒曲就类似于老面，上面生长了大量的微生物，还有微生物所分泌的酶（淀粉酶、糖化酶和蛋白酶等），酶具有生物催化作用，可以加速将谷物中的淀粉和蛋白质等转变成糖、氨基酸。糖分在酵母菌酶的作用下，分解成乙醇，即酒精。

茅台酒制作过程中的微生物种类有好几百种，产生的香味物质上千种。经过科学家研究，已经分析出了150多种菌种。这些微生物产生了200余种香味物质，科学家们已经搞清了其中的几十种主要香味物质，还有100多种至今未搞清楚。人们设法合成了这几十种的香味物质，并用它们制成了“曲精”一类的添加剂，用于仿制名酒，但是，行家一尝便知是“假冒伪劣”产品。这说明，我们还远没有揭开茅台酒生产的全部谜底。

回过头来，我们再说说人工踩曲。

为什么采用机器制曲的酒味道比人工踩曲味道要差那么一点点？经过科学分析，人们发现，机器制曲时，踩曲力度太过单一。曲块要经过多次踩踏，才能使微生物与空气充分接触，力度大小不均匀，可以使曲块中的空间大小不一，让微生物有更多的活动空间。

现在你知道为什么要用人工踩曲了吧？

但你肯定更好奇：为什么一定要用少女而不用力气更大的男性呢？

说起来，也没那么神秘。那是因为少女的体重刚刚适合踩曲的要求。其实，现在茅台酒厂踩曲的并非都是少女，只要体

重在 45 ～ 60 千克的女性都可以。有些女性已经在踩曲这个行当工作十多年，成为富有经验的老师傅了。

绝大多数男性的体形不如女性娇小，力气一般也都比女性大，如果由男性来踩，就可能把酒曲踩得过于紧实，微生物没有更多的生存空间，就会影响酒的发酵。

你肯定还会好奇：为什么要光着脚丫子呢？多不卫生！给她们套上干净的塑料膜之类的不行吗？

还别说，这脚还必须得光着。因为这样可以让酒曲中的微生物在脚趾间的空隙和空气充分接触。

至于卫生，一点儿也不用担心。你看，我们生活中都是用

酒精消毒，茅台酒的酒精度数远高于平常所用的酒精，完全可以杀死大部分真菌以及腐败菌。而且，酒最后是通过蒸馏产生的，不卫生的成分已经在高温中全部消失了。

酒曲踩好后，被放入制酒的粮食中，再经过高温蒸煮。哈哈，粮食就变成酒糟和白酒了。

你说，生命女神的这个魔术神不神奇？

更奇怪的是，制酒的微生物也会“水土不服”呢。

日本人擅长酿制清酒，但在喝了茅台酒后，更喜欢它的甘醇香洌。有位日本人买了一块窖泥回去，企图仿制。谁知道，窖泥毫无用处，放到显微镜下一看，里面的菌种大多数都死了。不过，这是一种假死，日本人把它们带回茅台镇，假死的微生物又全复活了。原来，它们到了异国他乡后，不习惯当地生态环境，便生出一种叫芽孢的东西把自己包裹起来，这种芽孢耐高温严寒，120 摄氏度的高温才能杀死它们。一旦回到家乡，生态环境适合自己的生存，便马上突破芽孢生长，复活过来了。

中国另一个与茅台酒齐名的浓香型国酒五粮液，有一块已有 637 年历史的窖泥，放在中华世纪坛“世纪国宝展”第一号展柜中，与秦始皇陵的划船陶俑、中国最早的人造铁器等考古文物一起，戴上了国宝桂冠，令人瞩目。

一块毫不起眼的灰不溜秋的泥巴，有那么珍贵吗？

当然，因为它来自长江之滨的五粮液古窖池。每一克的古窖泥里含有几百种、约十亿个参与五粮液酿造的微生物，被誉

为“微生物黄金”。

古窖泥里面的微生物主要是厌氧菌，还有一种产生五粮液主香己酸乙酯的己酸菌，以及可以产生丰富白酒风味物质的生香酵母、乳酸菌、乙酸菌、丁酸菌、酵母菌等微生物。

这些微生物菌群，适宜于在宜宾温暖、湿润、少日照、微风、四季如春的中亚热带湿润季风气候的生态环境中生存。

美国、日本等一些科学发达的国家，借用当今最先进的科学技术，分析五粮液“古窖泥”中的成分，试图培养自己的“老窖”，但至今都没有成功。

和茅台酒一样，这些微生物也离不开自己的故土啊。

生命是不是很神奇？即使小得需要在显微镜下才能看见。

故事广播站
科普小课堂
趣味测一测
百科小常识

2. 长毛的“豆腐”

让我们打开生命女神的魔盒，去看看另一场魔术的盛筵。

白白嫩嫩的豆腐，沥去一定的水分后，被切成一个个小方块。一个纸箱子，最下面铺上干净的稻草，把小块的豆腐放在稻草上。放完一层后，在上面又铺上稻草，接着放豆腐。这样一层层放上去。

现在，箱子被封好了，放到温暖的角落，保持在十几摄氏度的温度。

两个星期后，箱子被打开。哇，有被吓到吗？豆腐上怎么长了那么多毛呀？还有黄色、黑色的霉斑。

看上去，的确怪吓人的。

别怕，这是一种叫毛霉的真菌菌丝。这些菌种对人没有任何危害，它们的作用只不过是分解豆腐中的蛋白质、产生氨基酸和一些B族维生素

而已。对长了毛的豆腐进行搓毛处理，最后再盐渍，酵母菌参与发酵，就成了腐乳。

豆腐长毛，变成香美可口的豆腐乳，这场微生物参与的魔术，一定让你看得目瞪口呆了吧？

这么美味的食物，到底是怎么发明出来的呢？

打开生命女神的魔盒，去寻找答案吧。

1500 多年前，公元 5 世纪，北魏时期的古书记载：“干豆腐加盐成熟后为腐乳。”

你吃过王致和豆腐乳吗——那种带酱香味的豆腐乳？

王致和豆腐乳最出名的是臭豆腐乳，闻着臭，吃着香。

1669 年，清康熙八年。进京赶考的王致和考试落第，更让他愁眉不展的是，想要回家，盘缠却不够了。留在京城吧，连吃饭都成问题，更别提房租了。

哎，自己曾做过豆腐呀，何不以此为生呢？

每天，他磨上几升豆子做成豆腐沿街叫卖，同时刻苦攻读，准备下一场科举考试。转眼到了盛夏，有一天，他的豆腐没卖完，害怕坏掉，就把它切成小块，加上盐、花椒等佐料，放在一个小缸里封好。此后，他专心攻读，便忘了这事。秋凉后，他忽然想起那缸豆腐，打开一看。啊，好臭！豆腐已变成青色。

如果是一般人就扔了，豆腐肯定变坏了嘛。可王致和很大胆，他挑了一点儿尝尝，嗯，味道还不错，很香，就又接连吃了几块。过了一两天，也没拉肚子。看来，自己无意中发明了一种新的

食品。他就把臭豆腐送给周围邻居品尝，大家都觉得很好吃，这就是王致和臭豆腐乳。

再后来，王致和连续科考了很多次，均没有考中。他就断绝了科考的念想，专心经营臭豆腐，还兼营酱豆腐、豆腐干及各种酱菜。不久，臭豆腐的销路扩大到东北、西北和华北各地。经过多次改进，臭豆腐于清末传入宫廷御膳房，成为慈禧太后的一道日常小菜。慈禧太后不喜欢臭豆腐这个名字，就赐名“青方”，使王致和臭豆腐身价倍增。“王致和”臭豆腐乳这个品牌的生意越做越兴旺，众人竞相仿制。光绪年间，在宣武门外、延寿寺街等地相继开设了王政和、王芝和、致中和等酱园。

你可知道，豆腐乳有哪些“帮派”？

快让萌爷爷来告诉你吧。

从颜色上区分，腐乳分为青方、红方和白方。

白腐乳以桂林腐乳为代表。桂林豆腐乳历史悠久，宋代就很出名，是传统特产“桂林三宝”之一。

红腐乳从选料到成品要经过近三十道工艺，十分考究。

江浙一带，如绍兴、宁波、上海、南京等地的腐乳，以细腻柔绵、口味鲜美、微甜著称。四川有许多豆腐乳名品，如大邑县的唐场豆腐乳、夹江豆腐乳、丰都豆腐乳（仙都豆腐乳），还有成都白菜豆腐乳，每块腐乳用白菜叶包裹，味道鲜辣适口；河南柘（zhè）城的酥制腐乳则更是醇香浓厚，美味可口。

著名的绍兴腐乳在 400 多年前的明朝嘉靖年间就已经远销

东南亚各国，声誉仅次于绍兴酒，1910 年获“南洋劝业会”展览金质奖章；1915 年，在美国举办的“巴拿马太平洋万国博览会”上又获得奖状。

现在，我国腐乳已出口到东南亚、欧洲、美洲等的国家和地区。

你说，这是不是生命女神馈赠给人类的厚礼？

3. 乳酸菌的魔法

牛奶很有营养，但纯牛奶没啥味道，对乳糖不耐受的人喝了还会拉肚子。

生命女神打开她的魔盒，放出一群微生物，它们跑到牛奶里。怪了，过了一段时间，牛奶怎么变得酸酸甜甜的很好喝呢？

这群微生物施展了什么魔法？

很早以前，人类就会制作酸奶了。

公元前3000多年，安纳托利亚高原（现在称作土耳其高原）上居住着一群游牧民族。他们喝的羊奶由于经常变质而被倒掉。在资源匮乏的古代，这多可惜呀。某一天，有个人把羊奶煮好后，放在那里忘了喝。过了一段时间，他发现羊奶居然变成凝固的乳。尝一尝，酸甜可口。这个大新闻，很快就被传开了。其他人纷纷仿效，把羊奶制作成容易保存的酸奶。这样，没新鲜奶喝的时候，就可以喝酸奶了。

当然，这只是个传说，毕竟这段历史离我们太遥远了，也没有文字记载。

还有人说，公元前2000多年前，希腊东北部和保加利亚地区的古代色雷斯人就掌握了酸奶的制作技术。后来，酸奶技术

被古希腊人传到了欧洲的其他地方。

中国酸奶有史可查的最早记录是公元5世纪，贾思勰在《齐民要术》中，记载了齐地酸奶的制作方法。青海牦牛老酸奶也有着悠久的历史，早在公元641年唐朝文成公主经过青海等地进藏的民间故事中，就有关于酸奶的记述。在圣经和古兰经中曾记载，800多年前蒙古士兵出征便有携带酸奶。

现在，我国的藏族、蒙古族等草原上的牧民，还用自然发酵的方式制作酸奶。

虽然酸奶的制作历史很悠久，但真正的大规模生产，是在20世纪初。那个时候，酸奶才逐渐成了南亚、中亚、西亚、欧洲东南部和中欧地区的食物材料。

让我们再回到前面的话题：是什么微生物在施展魔法，让鲜奶变成酸奶的呢？

1903年，俄国微生物学家埃黎耶·埃黎赫·梅契尼科夫开始研究衰老与长寿的关系，他认为肠道微

生物和长寿有关系。

梅契尼科夫研究了几十个国家后，发现生活在保加利亚的百岁老人最多，这让他很感兴趣。于是，他就跑到保加利亚去，看是什么原因让那里的人长寿。经过调查，他发现当地人每天都会喝酸奶。

埃黎耶·埃黎赫·梅契尼科夫

长寿和酸奶真有关系吗？

梅契尼科夫认为，人的衰老是由于肠道中的腐败微生物产生的有毒物质引起的，特别是蛋白水解细菌如梭状芽孢杆菌。虽然这些细菌是正常肠道菌群的一部分，但它们会产生酚类、吲哚和氨等蛋白质分解后的有毒物质，正是这些毒性物质引起“肠中毒”并导致了衰老。

对酸奶中的微生物进行培养后，梅契尼科夫发现这些微生物能够杀灭人体胃肠道里的腐败细菌。他把这种细菌命名为保加利亚乳杆菌。

梅契尼科夫提出“酸奶长寿”的理论。认为人衰老是因为肠道菌产物对人体的毒害作用，酸奶中的乳酸菌可能会改变肠道菌群，取代有害微生物，减少毒性物质的产生，延缓衰老，

延年益寿。

西班牙商人伊萨克·卡拉索看到梅契尼科夫的理论，觉得发财的机会来了。世人谁不希望长寿呢？于是，他就开始生产酸奶。最初，他把酸奶当作药品在药房中出售，买的人很少。二战爆发之后，伊萨克·卡拉索便在美国建立了一家制造酸奶的工厂。这次他变聪明了，把酸奶作为一种食品来卖，还对其大作广告。果不其然，生意出奇的好。不久之后，酸奶便传到了世界各国。

梅契尼柯夫的长寿理论，还激发了日本科学家去研究肠道细菌与人体免疫的关系。

1930 年，日本京都大学医学博士代田稔（rěn）从人体肠道中分离出一种乳酸菌，并用他的名字给这种乳酸菌起名为代田菌。1935 年，用代田菌开发的乳酸菌饮料养乐多在日本福冈市开始销售。

现在你明白了吧，是乳酸菌大变魔术，把鲜奶变成酸奶的。

现在的酸奶是以生牛乳、羊乳或乳粉为原料，经杀菌、接种嗜热链球菌和保加利亚乳杆菌发酵制成的产品。

代田稔

乳酸菌这个小家伙的本领大着呢，它的魔术表演可是一场接一场。

山西人离不了醋坛，四川人离不开泡菜坛。

四川泡菜的制作历史有一两千年了。据考证，泡菜古称菹（zū），《周礼》中就有记载，三国时期就有泡菜坛，北魏的《齐民要术》记有用白菜制酸菜的方法。在天府之国的四川，经家庭妇女们长期的实践总结，制作泡菜的工艺逐渐完善，形成了现在的四川泡菜。

让我们打开生命女神的魔盒，去看看泡菜是怎样制作的吧。

把水烧开，等它自然冷却，再放入干净的坛子里，加上盐。尝一尝，水比较咸就行。泡菜水制作成功！之后把生萝卜、生青菜或辣椒等，放入坛里。然后盖上盖子，坛沿边加水，让坛子里不能进氧气。过一段时间，这些萝卜青菜之类的蔬菜就会变了颜色，可以开吃了。为了让泡菜香脆可口，聪明的四川人还总结出了在坛水里放花椒粒、冰糖或黄糖、白酒等的制作方法。

为什么不能生吃的新鲜蔬菜泡渍后就变成可以吃的熟菜了呢？

把泡菜水蘸一点儿放在显微镜下，你可以看到好多小小的微生物在忙碌，它们在参与蔬菜的发酵呢。

这一大群微生物中，主要是乳酸菌群，其次是酵母和醋酸菌群。乳酸菌群里有肠膜明串珠菌、植物乳杆菌、乳酸片球菌、短乳杆菌、乳链球菌、发酵乳杆菌……哦，好多好多，说得萌

爷爷快喘不过气来了。

为什么泡菜久了会变酸，是因为乳酸菌在起主导作用。

泡菜是一种不用加热而使蔬菜成熟的巧妙方法。由于是对蔬菜进行“冷加工”，比其他方法加工蔬菜的有益成分损失最少，而且经过乳酸菌发酵，还能增加多种营养成分，所以泡菜营养丰富，富含维生素C、维生素B_1、维生素B_2等多种维生素，以及钙、铁、锌等多种矿物质，是很好的低热量食品。

泡菜没有经过高温消毒，人们吃进去那么多乳酸菌，会不会拉肚子呢？其实，乳酸菌本身就是一种营养品，是维持人体肠道有益菌群所需要的。

乳酸菌是人体小肠和大肠内有益菌群的主要组成菌之一，它们利用糖类发酵，产生乳酸、乙酸、丙酸和丁酸等有机酸。大肠中的各种微生物则利用这些占碳水化合物全部能量40%～50%的有机酸进行新陈代谢活动，促进营养物质的吸收。乳酸菌还能合成B族、K族维生素等。

更重要的是，乳酸菌发酵的代谢最终产物之一是乳酸，乳酸的积累导致肠道酸度提高，这可以对许多有害细菌产生广泛的抑制作用。也就是说，吃泡菜带进肠道的乳酸菌有强烈的抗菌作用，对人体起到了清洁肠胃的作用，所以吃泡菜不仅不会拉肚子，还可防治肠胃道疾病呢。

乳酸菌还会变什么魔术呢？打开生命女神的魔盒，你自己可以去寻找答案哦。

4．“霉”豆豆

四川人喜欢吃回锅肉。煮熟的五花肉切片，加上郫县豆瓣翻炒，起锅时放蒜苗、酱油、味精，有时还要加一点豆豉、甜面酱，这样炒出来的回锅肉，色泽鲜艳，咸辣爽口。

在生命女神的魔盒里，豆豆们华丽大变身：豆瓣、豆豉、酱油……

接下来，就来看看微生物幽灵是如何利用豆豆这个道具大变魔术的。

要说豆瓣酱里，谁最出名，那肯定是郫县豆瓣莫属了。

只是郫县豆瓣或其他豆瓣酱，里面主要成分是辣椒，萌爷爷一直搞不明白，为什么不叫郫县辣椒或辣椒酱，而要叫郫县豆瓣或豆瓣酱呢？

让萌爷爷猜猜，是不是没了豆瓣，辣椒酱就少了

独特的香味，少了灵魂呀？

你可以试试，把不加豆瓣的辣椒酱与加了豆瓣的辣椒酱对比一下。

还是先听萌爷爷来讲豆瓣的故事吧。

相传明末清初时，战乱使四川人口锐减，于是“湖广填四川”。福建人陈逸仙迁入郫县，渐渐发展成一个大家族。清康熙年间，陈氏族人用晒干后的胡豆瓣放入剁碎的辣椒，再加上盐，用来调味佐餐，令人胃口大开，这就是郫县豆瓣的雏形。

豆瓣酱离不开豆瓣，这青白色的胡豆瓣到了辣椒里，怎么就变成酱紫色的了？

要是你看了做豆瓣的过程，也许会大吃一惊的。原来豆瓣是这样“变出来”的：

把胡豆用水泡涨，去皮，蒸熟，沥去水分，放在木板或竹帘上摊晾，拌入干面粉，令豆瓣全沾上面粉，摊平到0.5～2厘米的厚度，盖上白纸任其发酵。过了几天，豆瓣身上会长满白菌丝。

豆瓣继续发酵，豆与豆之间仍然会长出细细微微的网状浅毛。黑的黄的绿的豆霉，长满了豆瓣全身。

天哪，这样的豆瓣不是坏了吗？都变这样了，好可怕。

别担心，它一点儿也没坏，搓掉霉菌，放进玻璃瓶密封待用。

经过发酵“霉变”的胡豆，颜色会变暗。放入辣椒里，拌上盐，就由青白色变成酱紫色了。

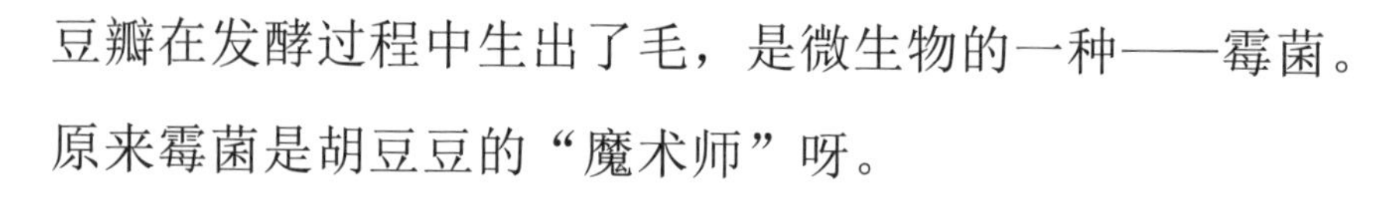

豆瓣在发酵过程中生出了毛，是微生物的一种——霉菌。

原来霉菌是胡豆豆的“魔术师”呀。

为何要用大豆混配面粉作霉豆，而不用其他植物作原料呢？

这是因为，大豆富含蛋白质，面粉富含淀粉。蛋白和淀粉糅合在一起，就成了多种有益霉菌的温床，适合它们繁衍生息。菌体大量产生各种酶，使原料中的各种营养成分充分水解，生成风味独特的豆酱。

我们接着来看，又是哪一个“魔术师”让豆子变成豆豉的。

豆豉以黑豆或黄豆为主要原料，利用毛霉、曲霉或者细菌

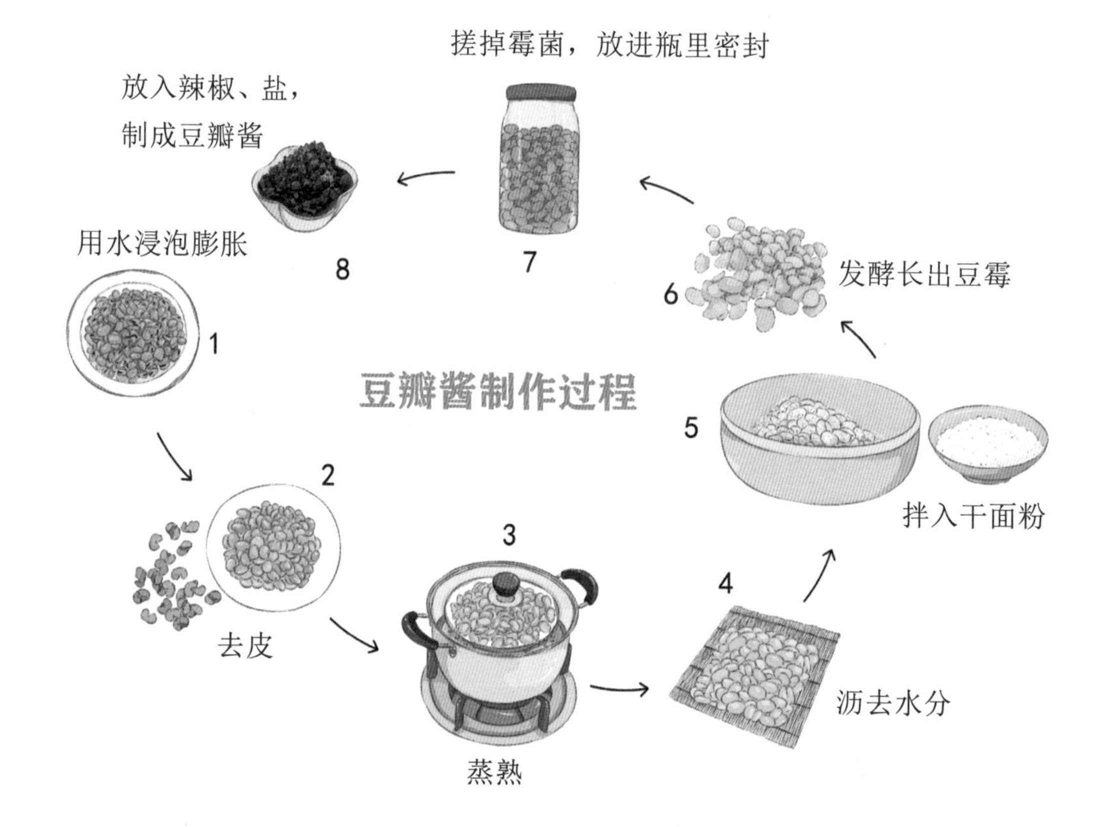

的蛋白酶联合作用，分解大豆蛋白质，达到一定程度时，加盐、酒，采用干燥等方法，抑制酶的活力，延缓发酵过程而制成。

按制曲时参与的微生物不同，豆豉可以分为毛霉型、曲霉型、根霉型和细菌型等。毛霉型以重庆的“永川豆豉”为代表；“浏阳豆豉”是以曲霉为主发酵剂生产的豆豉；印尼生产的天培是根霉型豆豉的主要代表；日本的纳豆属于细菌型豆豉。

自然发酵的豆豉中，主要的微生物菌群为细菌和霉菌，而酵母菌较少，为非主要作用微生物。

啊，原来豆豉的“魔术师”这么多！这可是一场大型的魔术表演秀呢。

豆豉不仅是很好的下饭小菜，烹饪调料，还是一味中药呢。

有这么一个传说：唐代大文学家王勃曾在一次“饭局”中，主人阎都督贪杯病倒，众名医用多种药方治疗都没有效果，病情日益加重。王勃劝阎都督食用豆豉。虽然大家不信，但是，又没其他办法，只能“死马当活马医”吧。不料。阎都督连食三天豆豉后，竟然痊愈了。

虽然是传说，但豆豉真的可以入药。这在古代医书《肘后备急方》《本草纲目》等书里都有记载。

酱油是每家都要用的调味品，如果你喜欢，完全可以自己制作酱油。它是用黄豆发酵而成的。

而酱油的制作，各种有益霉菌也功不可没。

豆类发酵后，使不同物质分解，产生人体所需的多种营养

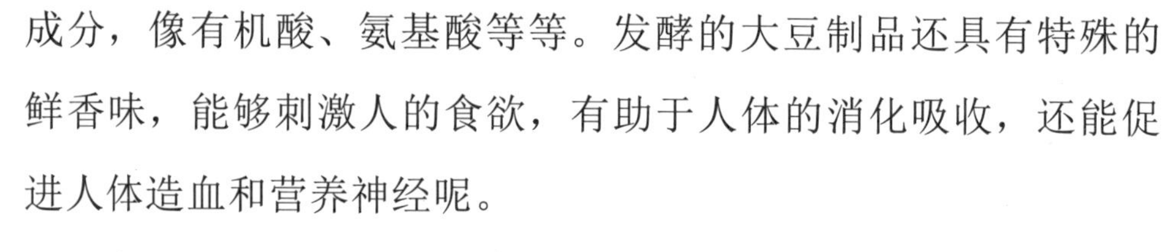

成分，像有机酸、氨基酸等等。发酵的大豆制品还具有特殊的鲜香味，能够刺激人的食欲，有助于人体的消化吸收，还能促进人体造血和营养神经呢。

你看，生命女神的魔盒里，会变魔术的小家伙多不多？

要是你想寻找更多会变魔术的“幽灵”，就去打开生命女神的魔盒，探寻其中的奥秘吧！